国家中等职业教育改革发展示范校建设系列教材

测量工实训

主　编　张小旸

副主编　毛兰芳　李　晗

参　编　张国平

主　审　王朝林

中国水利水电出版社
www.waterpub.com.cn

内 容 提 要

本书内容由四部分组成：第一部分主要内容为实训目标及要求；第二部分主要内容为测量工实训用到的主要理论知识；第三部分主要内容为九个测量工实训项目；第四部分主要内容为测量工职业技能测试题。书中简明地对工程测量的实训目的、要求、基础知识进行了介绍，结合相关规范，通过具体的实训项目训练，提高中等职业学校水利类专业学生的动手能力和职业岗位能力水平。

本书可作为中等职业学校水利类专业水利水电工程测量教学及测量工的岗前培训教材，也可供水利工程技术人员阅读参考。

图书在版编目（CIP）数据

测量工实训 / 张小旸主编. -- 北京 ：中国水利水
电出版社，2015.2
国家中等职业教育改革发展示范校建设系列教材
ISBN 978-7-5170-2969-4

Ⅰ．①测… Ⅱ．①张… Ⅲ．①水利工程测量－中等专
业学校－教材 Ⅳ．①TV221

中国版本图书馆CIP数据核字(2015)第036607号

书　　名	国家中等职业教育改革发展示范校建设系列教材 **测量工实训**
作　　者	主　编　张小旸 副主编　毛兰芳　李　晗 参　编　张国平 主　审　王朝林
出版发行	中国水利水电出版社 （北京市海淀区玉渊潭南路1号D座　100038） 网址：www.waterpub.com.cn E-mail：sales@waterpub.com.cn 电话：(010) 68367658（发行部）
经　　售	北京科水图书销售中心（零售） 电话：(010) 88383994、63202643、68545874 全国各地新华书店和相关出版物销售网点
排　　版	中国水利水电出版社微机排版中心
印　　刷	北京市北中印刷厂
规　　格	184mm×260mm　16开本　7.75印张　184千字
版　　次	2015年2月第1版　2015年2月第1次印刷
印　　数	0001—3000册
定　　价	20.00元

前　言

本教材根据《甘肃省水利水电学校国家中等职业教育改革发展示范学校建设计划》的要求进行编写，是水利水电工程技术重点专业建设计划之一，适用于中等职业学校水利水电类专业教学。

为配合中等职业教育教学改革，探索开发与"工学结合"人才培养模式相适应的中等职业教育水利水电类专业课程体系，教材着眼于职业教育改革发展需要，紧扣住水利水电工程专业对测量工作的需求组织教材内容，针对性强；教材的结构体系有别于已有水工测量教材，强化实践操作能力的培养，有一定新意。

编者希望本教材在中等职业教育水利水电类专业的教学中能激发学生的学习兴趣，提高学生的学习积极性和主动性，树立正确的专业思想，也能在今后的工作中作为参考资料备阅。

本教材由甘肃省水利水电学校高级讲师张小旸担任主编、讲师毛兰芳和中国水利水电第十一工程局高级工程师李晗担任副主编，甘肃省水利水电学校助理讲师张国平参与编写。编写分工如下：张小旸编写第二部分学习项目三～六、第三部分实训项目四～九及第四部分，李晗编写第二部分学习项目一，毛兰芳编写第二部分学习项目二、第三部分实训项目一～三，张国平编写第一部分。

全教材由甘肃省水利水电学校工程测量重点专业带头人高级讲师王朝林审定。教材编写过程中得到了兰州军区某测绘信息中心工程师王威行、白银有色建筑设计院高级工程师李能能、兰州铁路局武威房建段工程师余小虎主任、河北新烨工程技术有限公司高级工程师孟举、甘肃省水利厅地质公司高级工程师赵懿、中铁二十一局高级工程师郭海、刘自健、甘肃路桥建设集团高级工程师王晓鹂及甘肃省水利水电学校水工系、测量系老师的帮助和大力支持，在此深表感谢。教材编写时参考了已出版的多种相关教材和著作，对这些教材和著作的编著者，一并表示谢意。

限于编者的专业水平和实践经验，教材中难免存在疏漏或不当之处，恳请读者指正。

编者

2014 年 11 月

目　录

第四部分　　测量工职业技能测试题

第一部分 概　　述

本实训教材根据《水利水电工程测量》课程实训教学大纲编写，适用于水利水电工程技术专业。

一、本实训课程的作用与任务

水利水电工程测量实训是水利水电工程专业课程实践性教学环节。其作用是通过测量实训可以加深学生对测量概念的理解，巩固课堂所学的基本知识和基本方法，初步掌握测量仪器的操作技能，提高学生的动手能力，使理论与实践结合起来。也为实习本课程的后续内容打好基础，以便更好地掌握测量课程的基本内容。本教材中的实训，分为验证性实训和综合性实训。每项实训的学时数一般为 2 学时左右，实训小组人数一般为 4～6 人，但也应根据实训的具体内容以及仪器设备条件作灵活安排，以保证每人都能进行观测、记录、做辅助工作等实践。每项实训的观测要求均列在注意事项中。在每项实训后列出了测量实训报告及相应的观测记录表格形式，在实训中应做到随时测量、随时记录、随时计算检核，实训完成后可以裁剪下来，以便上交。

二、本实训课程的基础知识

本实训课程需要学生认真地掌握水利水电工程测量、误差理论、测量仪器操作等方面的基本知识。

三、测量实训须知

1. 实训的目的及有关规定

（1）测量实训的目的一方面是为了验证、巩固在课堂上所学的知识；另一方面是熟悉测量仪器的构造和使用方法，培养学生进行测量工作的基本技能，使学到的理论与实践相结合。

（2）实训之前必须复习教材中的有关内容，认真仔细地预习实训教材，明确实训目的要求、方法步骤及注意事项，以保证按时完成实训任务。

（3）实训分小组进行，组长负责组织协调工作，办理所用仪器和工具的借领和归还手续。每人都必须认真、仔细地操作，培养独立工作的能力和严谨的科学态度，同时要发扬互相协作精神。实训应在规定的时间和地点进行，不得无故缺勤或迟到早退，不得擅自改变地点或离开现场。在实训过程中或结束时，发现仪器、工具有遗失或损坏情况，应立即报告指导教师，同时要查明原因，根据情节轻重，给予适当的赔偿或处理。

（4）在实训结束时，应提交书写工整、规范的实训报告或记录，经指导教师审阅同意后，才可以交还仪器和工具、结束工作。

2. 使用仪器、工具注意事项

以小组为单位到指定的地点领取仪器和工具，领借时应当场清点检查，如有缺损，可以报告仪器管理员给予补领或更换。

（1）携带仪器时，注意检查仪器箱是否扣紧、锁好，拉手和背带是否牢固，并注意轻拿轻放。开箱时，应将仪器放置平稳。开箱后，记清仪器放置的位置，以便用后按原样放回。提取仪器时，应用双手握住支架或基座轻轻取出，放在三脚架上，保持一手握住仪器，另一手拎连接螺旋，使仪器与三脚架牢固连接。仪器取出后，应关好仪器箱，严禁在箱上坐人。

（2）不可置仪器于一旁而无人看管。在烈日或小雨天气下应撑伞，严防仪器日晒雨淋。

（3）若发现透镜表面有灰尘或其他污物，须用软毛剧或擦镜头纸拂去，严禁用手帕、粗布或其他纸张擦拭，以免磨坏镜面。

（4）各制动螺旋勿拧过紧，以免损伤，各微动螺旋勿转至尽头，防止失灵。

（5）近距离搬站，应放松制动螺旋，一手握住三脚架放在肋下，另一手托住仪器，放置胸前稳步行走。不准将仪器斜拉肩上，以免碰伤仪器。若距离较远，必须装箱搬站。

（6）仪器装箱时，应松开各制动螺旋，按原样放回后先试关一次，确认放妥后，再拧紧各制动螺旋，以免仪器在箱内晃动，最后关箱上锁。

（7）水准尺、标杆等禁止用作担抬工具，以防弯曲变形或折断。

（8）使用钢尺时，应防止扭曲、打结和折断，防止行人踩踏或车辆碾压，尽量避免尺身着水。携尺前进时，应将尺身提起，不得沿地面拖行，以防损坏刻划。用完钢尺，应擦净、涂油，以防生锈。

3. 记录与计算规则

（1）实训所得各项数据的记录和计算，必须按记录格式用 2H 铅笔认真填写。字迹应清楚并随观测随记录。不准先记在草稿纸上然后誊入记录表中，更不准伪造数据。观测者读出数字后，记录者应将所记数字复诵一遍，以防听错、记错。

（2）对原始观测值尾部读数记录的错误，不许修改，必须将该部分观测结果废去重测，废去重测的范围见表 1-1。

表 1-1　　　　　　　　　　　记录值需废去重测的范围

测量种类	不准修改的部位	应废去重测的范围
角度测量	秒及秒以下读数	改一测回
水准测量	厘米及厘米以下读数	改一测站
长度测量	厘米及厘米以下读数	改一测段

（3）尾部前面读数不许连环修改，例如：水准测量中的黑、红面读数；角度测量中的盘左，盘右读数；距离丈量中的往测与返测结果等，均不能同时更改，否则，必须重测。简单的计算与必要的检核，应在测量现场及时完成，确认无误后方可迁站。

（4）数据运算应根据所取位数，按"四舍六入、五前单进、双舍"的规则进行数字凑整。记录错误时，不准用橡皮擦去，不准在原数字上涂改，应将错误的数字划去并把正确的数字记在原数字上方。记录数据修改后或观测成果改正后，都应在备注栏内注明原因（如测错、记错或超限等）。

四、本课程实训教学项目及要求

本课程实训教学项目及要求见表1-2。

表1-2 实训教学项目及要求

序号	实训项目名称	学时	实训要求	实训类型	每组人数	主要仪器设备名称	目的和要求
1	水准仪的认识与使用	2	必修	验证	4～6	水准仪	掌握水准仪的使用、操作方法
2	自动安平水准仪的认识与使用	2	必修	验证	4～6	自动安平水准仪	掌握自动安平水准仪使用、操作方法
3	普通水准测量	2	必修	验证	4～6	水准仪	掌握普通水准测量方法
4	经纬仪的认识与使用	2	必修	验证	4～6	经纬仪或电子经纬仪	掌握经纬仪的使用、操作方法
5	用测回法观测水平角	2	必修	验证	4～6	经纬仪或电子经纬仪	掌握用测回法测量水平角的方法
6	测量竖直角	2	必修	验证	4～6	经纬仪或电子经纬仪	掌握竖直角的测量方法
7	钢尺量距	2	必修	验证	4～6	钢尺	掌握用钢尺按一般方法进行距离丈量
8	用全站仪测绘大比例尺地形图	4	必修	综合	4～6	全站仪	了解大比例尺数字测图的方法和过程
9	施工放样测量	4	必修	综合	4～6	全站仪或经纬仪及水准仪	掌握测设水平角、水平距离及高程的方法和步骤

第二部分 知 识 准 备

学习项目一 基 础 知 识

学习单元一 测量的任务及在工程建设中的作用

测量学是研究地球的形状和大小，以及确定地球表面点位关系的一门学科。测量学的任务是：

(1) 研究地球的形状和大小。

(2) 确定地球表面（包括空中、地面和海底）点位关系。

(3) 对这些空间位置信息进行处理、存储和管理。

在工农业生产和各类土木工程建设中，从勘测设计阶段到施工、竣工阶段，以及工程项目建成后期的运行管理都需要进行大量测量工作，测量工作贯穿于工程建设的各个阶段，作用非常重要。

学习单元二 地球的形状和大小

地球表面 71% 是海洋，29% 是陆地，最高峰是珠穆朗玛峰，海拔 8844.43m，海洋最深处是太平洋西北的马里亚纳海沟，最深处 11022m（亦有 11034m 和 10911m 之说）。

地球上重力的方向线称为铅垂线，铅垂线是测量工作的基准线。设想有一个静止的海水面，向陆地延伸而形成一个封闭的曲面，曲面上每一点的法线方向和铅垂线方向重合，这个静止的海水面称为水准面。由于潮汐影响，海平面有高有低，所以水准面有无数个，平均海水面高度的水准面称为大地水准面，测量工作中常以这个面作为点位投影和计算点位高度的基准面。

旋转椭球体：由于地球内部质量分布不均匀，地面上各点所受的引力大小不同，从而使得地面上各点的铅垂线方向产生不规则的变化，因此大地水准面实际上是一个有微小起伏的不规则曲面。在实际工作中，常选用一个能用数学方程表示并与大地水准面很接近的规则曲面，这样一个规则曲面就是旋转椭球面，如图 2-1-1 所示。

参考椭球体：如图 2-1-2 所示，在适当地面上选定一点 P（P 点称为大地原点），令 P 点的铅垂线与椭球面上相应 P_0 点的法线重合，并使该点的椭球面与大地水准面相切，而且使本国范围内的椭球面与大地水准面尽量接近。这项工作称为参考椭球体的定位。

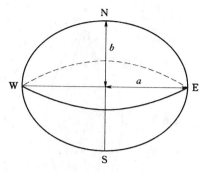

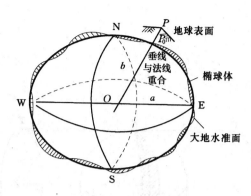

图 2-1-1　旋转椭球体　　　　　图 2-1-2　大地水准面和旋转椭球体

我国曾采用 1954 年北京坐标系，后于 1987 年废止。现在使用的是通过重新计算，将坐标原点定在陕西省泾阳县境内，根据该原点推算而得的坐标，称为"1980 年国家大地坐标系"。

学习单元三　地面点位的确定

一、坐标

在测量工作中，通常用下面几种坐标系来确定地面点的位置。

1. 大地地理坐标

以地球椭球面为基准面，以通过地面点的地球椭球法线与赤道面的交角确定纬度，以通过椭球面上地面点的子午面与起始子午面的夹角确定经度的球面坐标系称为大地地理坐标，简称大地坐标。

2. 高斯平面直角坐标

高斯平面直角坐标是采用横圆柱投影的方法将球面坐标和平面坐标相互联系的坐标系。

横圆柱投影方法：设想把一个平面卷成一个横圆柱，套在圆球外面，使横圆柱的轴心通过地球的中心，并使横圆柱与球面上的一根中央子午线 NOS 相切，如图 2-1-3 所示，将球面上的图形投影到横圆柱面上，然后将横圆柱面沿南北极的 TT' 和 KK' 切开并展开成平面，即可得投影到平面上相应的图形。此时，中央子午线长度保持不变，赤道与中央子午线为相互垂直的直线，如图 2-1-4 所示。

投影带：根据投影宽度的不同，分为 6° 投影带和 3° 投影带。6° 带是从格林尼治子午线算起。格林尼治子午线的经度为 0°，自西向东，经度每 6° 为一带，中间的一条子午线，即是该带的中央子午线。依此类推，把地球分成 60 个投影带。而 3° 带是从东经 1°30′ 开始，每隔 3° 为一带，第一带的中央子午线是 3°，依此类推，把地球分成 120 个 3° 带。

高斯-克吕格坐标：每一带中央子午线的投影为平面直角坐标系的纵轴 x，所以也把中央子午线称为轴子午线，向上为正，向下为负；赤道的投影为平面直角坐标系的横轴 y，向东为正，向西为负，两轴的交点 O 为坐标原点。

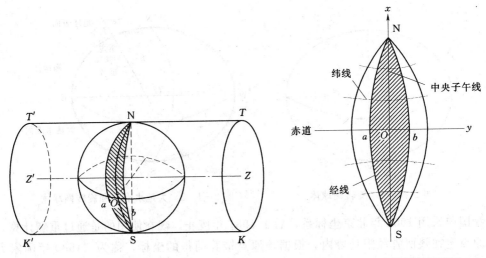

图 2-1-3　横圆柱投影　　　　　　图 2-1-4　高斯投影展开图

　　我国坐标的规定：规定将每一带的坐标原点西移 500km，如图 2-1-5 所示，即每带的坐标原点 $x=0$，$y=500km$，同时将该点所在的投影带带号加在横坐标前。

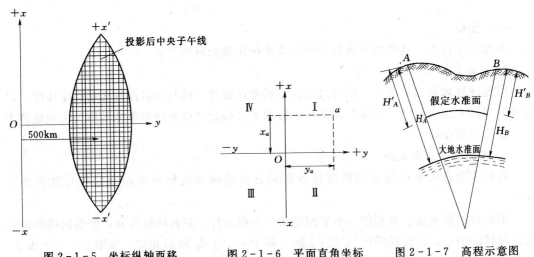

图 2-1-5　坐标纵轴西移　　　图 2-1-6　平面直角坐标　　　图 2-1-7　高程示意图

　　3.平面直角坐标

　　当测区范围较小时（半径不超过 10km），可把该部分球面视作平面，即直接将地面点沿铅垂线投影到水平面上。测量上采用的平面直角坐标系统与数学上基本相似，但规定坐标轴互换，象限顺序相反，如图 2-1-6 所示。

　　二、高程

　　高程分为绝对高程和相对高程，如图 2-1-7 所示。

　　（1）绝对高程。地面点沿铅垂线方向至大地水准面的距离称为该点的绝对高程或海拔，以 H 表示。

　　（2）相对高程。地面点沿铅垂线方向至某一假定水准面的距离称为该点的相对高程，亦称假定高程。以 H' 表示。

我国高程基准早期采用 1956 年黄海高程系统，该高程系统于 1987 年废止。现在使用的是 1985 年国家高程基准。

（3）高差。两点的高程之差称为高差，用 h 表示。

学习单元四　用水平面代替水准面的限度

一、地球曲率对水平距离的影响

经过实测试验和理论推证，在半径为 10km 的范围内，地球曲率对水平距离的影响可以忽略不计，即可把该部分球面当做水平面。

二、地球曲率对水平角的影响

在半径为 10km 的范围内，地球曲率对水平角的影响只在最精密测量中才考虑，一般测量精度要求的工作中不必考虑。

三、地球曲率对高程的影响

尽管距离很短，地球曲率对高程的影响是必须予以考虑的。

学习单元五　测量工作的基本原则

实际测量工作中常遵循"从整体到局部"的原则，采用"先控制后碎部"的测量程序。"从整体到局部"的原则是指测量工作的布局而言；而"先控制后碎部"的程序是指测量工作的先后顺序。

高程测量、水平角测量和距离测量是测量学的基本内容，测高程、测角和测距是测量的基本工作，观测、计算和绘图是测量工作的基本技能。

学习单元六　测绘科学的发展概况

测绘科学和其他科学一样，是由生产的需要而发生，随着生产的发展而发展的。我国是世界文明古国之一，测绘科学在我国有着悠久的历史。远在 4000 多年前，夏禹治水时，就应用简单的工具进行测量。公元 3 世纪，我国伟大的制图学家裴秀，创立了"制图六体"，此六体即是：道里（距离）、准望（方向）、高下（地势起伏）、方邪（地物形状）、迂直（河流、道路的曲直）、分率（比例尺），这是世界上最早的制图规范。春秋战国时，我国发明了指南针，促进了测量技术的发展，这是我国对于世界测量技术的伟大贡献。724 年，太史监南宫说曾在河南北起滑县，经开封、许昌，南到上蔡，直接丈量了长达 300km 的子午线弧长，这是我国第一次用弧度测量的方法，测定地球的形状和大小，也是世界上最早的一次子午线弧长测量。元代郭守敬拟定了全国纬度测量计划，共实测了 27 个点的纬度。清代康熙年间进行了大规模的大地测量工作，并在此基础上进行了全国范围的地形测量，最后制成"皇舆全览图"，这使我国成为世界上完成全国地形图最早的国家之一。

在国外，17世纪初测量学在欧洲得到较大发展。1617年，荷兰人斯纳留斯首次进行了三角测量。1608年，荷兰的汉斯发明了望远镜，随后被应用到测量仪器上，使测绘科学产生了巨大变革。随着第一次产业革命的兴起，测量的理论和方法不断得到发展。1687年，牛顿发现了万有引力，提出了地球是一个旋转椭圆体。1794年，高斯提出的最小二乘法理论，以及随后提出的精确的横圆柱投影，对测绘科学理论的发展起到了重要的推动作用。19世纪中叶，许多国家都进行了全国地形测量。20世纪初，随着飞机的出现和摄影测量理论的发展，产生了航空摄影测量，给测绘科学又一次带来巨大的变革。

20世纪50年代起，电子学、计算机、电磁波技术和空间技术的兴起，使测绘科学又得到新的发展。如自动安平水准仪、电磁波测距仪、电子经纬仪、电子全站仪、陀螺经纬仪、GPS接收机等新型测绘仪器的不断出现，以及电子计算机、遥感技术、惯性测量、卫星大地测量和近景摄影测量等新技术的应用，使测绘科学发展到了一个新的阶段，并正向自动化、数字化的方向继续前进。

近几十年，我国测绘事业有了很大发展。建立和统一了全国坐标系统和高程系统；建立了遍及全国的大地控制网、国家水准网、基本重力网、卫星多普勒网以及北斗卫星定位系统；完成了国家大地网和水准网的整体平差、国家基本图的测绘工作；完成了珠穆朗玛峰和南极长城站的地理位置和高程测量；配合国民经济建设进行了大量的测量工作，例如进行了南京长江大桥、葛洲坝水电站、三峡水电站、宝山钢铁厂、北京正负电子对撞机等工程的精确放样和设备安装测量。在测绘仪器制造方面，现在不仅能生产系列的光学测量仪器，还研制成功各种测程的光电测距仪、卫星激光测距仪和数字摄影测量系统等先进仪器设备。在测绘人才培养方面，已培养出各类测绘技术人员数万名，建立了注册测绘师制度，大大提高了我国测绘工作的科技水平。近年来，全球卫星定位系统已得到广泛应用，国产GIS软件日趋成熟，在某些方面开始领先于国际测绘科技水平。

学 习 项 目 小 结

测量学是测绘科学的一个组成部分，在工程建设中起着重要的作用，它包括：地形测图、施工放样和变形监测等部分。

测量工作是在地球表面上进行的，因此必须对地球表面进行了解，地球有其自然表面、物理表面——大地水准面和数学表面——参考椭球体。

水准面和铅垂线是测量工作基准面和基准线，参考椭球体是测量成果计算的依据，但在小范围内（其半径一般不超过10km时），可把球面视为平面。水利水电工程测量主要进行小区域的测量，故不考虑地球曲率的影响，但在高程测量中，即使距离很短，也应顾及地球曲率的影响。

要确定地面上一点的空间位置，可以用坐标和高程表示。测量中常用的坐标有地理坐标、高斯平面直角坐标和平面直角坐标。本课程主要用到平面直角坐标，请注意它和数学上的平面直角坐标的不同。高程分为绝对高程和相对高程，我们一般用绝对高程。

测量工作常遵循"从整体到局部"的原则，采用"先控制后碎部"的测量程序。

学习项目二　水　准　测　量

学习单元一　水　准　测　量　原　理

水准测量是运用水准仪所提供的水平视线来测定两点间的高差，根据某一已知点的高程和两点间的高差，计算另一待定点的高程。

已知 A 点的高程为 H_A，要测定 B 点的高程 H_B，如图 2-2-1 所示。水准仪架在两尺之间，水准尺垂直竖立在 AB 两点上。利用水平视线读出 A 点尺上的读数 a 及 B 点尺上的读数 b，由图可知 A、B 两点的高差为 $h_{AB}=a-b$。

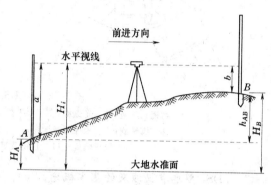

图 2-2-1　水准测量原理

测量是由已知点向未知点方向前进的，即由 A（后）→B（前）故称 A 点为后视点，B 为前视点。a 为后视读数，b 为前视读数。A 尺为后视尺，B 尺为前视尺。

上面公式可以写为：高差＝后视读数－前视读数。

则高程计算方法一：$H_B=H_A+h_{AB}=H_A+(a-b)$。

高程计算方法二：仪器的视线高程，用 H_i 表示，$H_i=H_A+a$。

则 B 点的高程为：$H_B=H_i-b=H_A+a-b$。

通过水准测量的基本原理我们知道：为了进行水准测量，必须要有一个能通过水平视线的水准仪和有刻度的水准尺。

学习单元二　水准测量的仪器和工具

进行水准测量的仪器是水准仪，所用的测量工具是水准尺和尺垫。

一、水准仪

水准仪按测量精度分为 $DS_{0.5}$ 型、DS_1 型和 DS_3 型等水准仪。D 和 S 分别是"大地测量"和"水准仪"的汉语拼音的第一个字母。下角标数字表示这些型号的仪器每公里往返测高差中数的中误差，以毫米为单位。$DS_{0.5}$ 型和 DS_1 型属于精密水准仪：$DS_{0.5}$ 型主要用于国家一等、二等水准和精密工程测量，DS_1 型主要用于国家二等水准和精密工程测量。DS_3 型为普通水准仪，可用于一般工程建设测量和国家三等、四等水准测量，是目前工程上使用最普遍的一种。

按水准仪结构分类，目前主要有微倾式水准仪、自动安平水准仪和电子水准仪 3 种。

1. DS₃型水准仪的组成

DS₃型水准仪主要由望远镜、水准器、基座和三脚架组成。仪器主要部件的名称如图2-2-2所示。

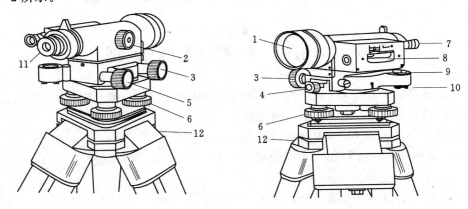

图2-2-2 DS₃型微倾式水准仪

1—物镜；2—物镜对光螺旋；3—水平微动螺旋；4—水平制动螺旋；5—微倾螺旋；
6—脚螺旋；7—水准管观测窗；8—水准管；9—圆心准器；10—圆心准器
校正螺旋；11—目镜及目镜对光螺旋；12—三脚架

2. DS₃型水准仪涉及的基本概念

(1) 十字丝分划板（图2-2-3）。包括上丝、下丝、中（横）丝、竖丝，用来瞄准和读数。

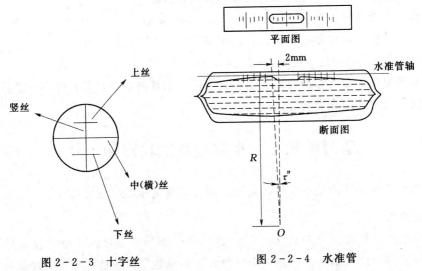

图2-2-3 十字丝　　　　　　　图2-2-4 水准管

(2) 视准轴。十字丝的交点和物镜光心的连线称为望远镜的视准轴，是用来瞄准和读数的视线。

(3) 望远镜。望远镜可以提供一条瞄准目标的视线，将远处的目标放大，提高瞄准和读数的精度。

(4) 水准管。水准管轴平行于视准轴是水准仪能提供水平视线的基本要求。水准管示意图如图 2-2-4 所示。水准管分划值是水准管上相邻两分划（即 2mm）间的弧长所对的圆心角值。DS$_3$ 型水准仪的水准管分划值一般为 20″/2mm。水准管分划值是水准管灵敏度的指标，水准管分划值越小，水准管灵敏度越高。

（5）符合水准器。为了进一步提高水准管的灵敏度并方便测量，安装了符合水准，观测符合水准窗口，情况有如图 2-2-5（b）和（c）所示两种情况。

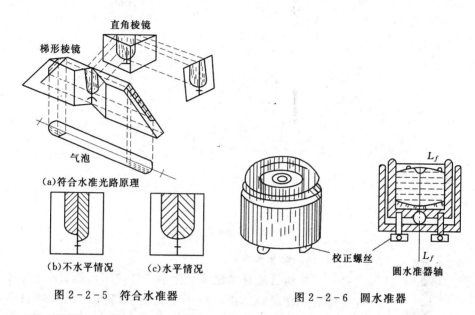

（a)符合水准光路原理

（b)不水平情况　（c)水平情况

图 2-2-5　符合水准器

图 2-2-6　圆水准器

（6）圆水准器。圆水准器用来粗略整平仪器，如图 2-2-6 所示。

二、水准尺和尺垫

常用的水准尺有双面尺和塔尺两种，一般采用优质木材制成，要求尺长稳定、分划准确，一般长度为 3m，塔尺还有 5m 的规格长度。尺垫用于转点（TP）上立尺所用，一般为铸铁制成，如图 2-2-7 所示。

三、水准仪的使用

水准仪的使用一般有以下 3 个步骤。

1. 安置和粗略整平仪器

在设测站的地方，打开三脚架，将仪器安置在三脚架上，旋紧中心螺旋。仪器安置高度要适中，三脚架头大致水平，并将三脚架的脚尖踩入土中。

粗略整平是指旋转脚螺旋使圆水准器气泡居中，从而使仪器大致水平。转动脚螺旋使气泡居中，如图

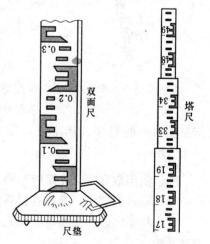

图 2-2-7　水准尺和尺垫

2-2-8 所示，当气泡如图 2-2-8（a）偏离位置时，可任意旋转两个脚螺旋。两手应反向转动。例如气泡偏离左边，转动 A、B 两个脚螺旋，其转动方向按图中箭头所示方向进行，使气泡从图 2-2-8（a）所示位置转至图 2-2-8（b）所示位置。然后按箭头

方向转动另一个脚螺旋C使气泡向中心移动。按此方法多次进行，使气泡居中。整平工作，也可以先转动一个脚螺旋，然后转动其余的两个脚螺旋，使气泡居中。脚螺旋的转动方向与气泡移动方向的规律是：气泡移动的方向与左手大拇指转动脚螺旋的方向一致。

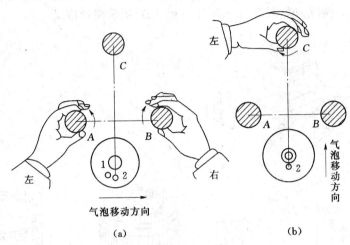

图2-2-8　圆水准器的整平

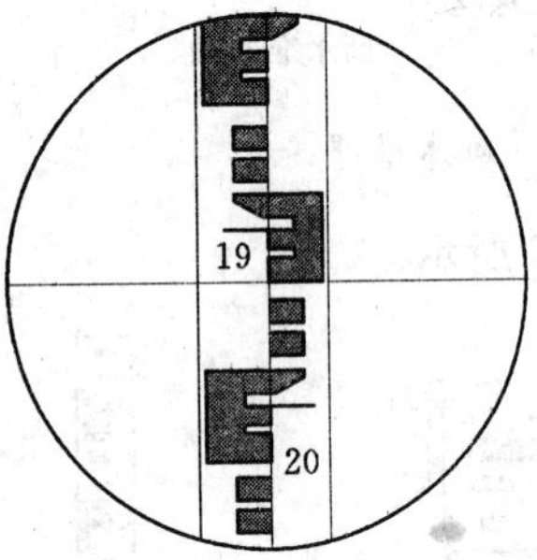

2. 瞄准水准尺

转动目镜对光螺旋，使十字丝清晰，然后松开水平制动螺旋，转动望远镜，利用望远镜上部的准星与缺口照准目标，旋紧制动螺旋，再转动物镜对光螺旋，使目标的像清晰，此时目标的像不完全在中间位置，可转动微动螺旋，对准目标。

3. 精确整平和读数

精确整平工作，就是在读数之前必须转动微倾螺旋，使水准管气泡居中（水准管气泡两边的影像吻合），然后以十字丝中横丝读出尺上的数值。读数时应注意将尺上注字按照由大到小的顺序，读出米、分米、厘米，估读至毫米。如图2-2-9所示的读数为1.948m。

图2-2-9　水准尺读数

四、使用水准仪应注意的事项

（1）搬运仪器前，应检查仪器箱是否扣好或锁好，提手或背带是否牢固。

（2）从箱内取出仪器时，应先记住仪器和其他附件在箱内安放的位置，以便用完后照原样装箱。

（3）安置仪器时，注意拧紧脚架的架腿螺旋和架头连接螺旋；仪器安置后应有人守护，以免外人扳弄损坏。

（4）操作仪器时用力要均匀轻巧；制动螺旋不要拧得过紧，微动螺旋不能拧到极限。当目标偏在一边用微动螺旋不能调至正中时，应将微动螺旋反松几圈（目标偏离更远），再松开制动螺旋重新照准。

（5）迁移测站时，如果距离较近，可将仪器侧立，左臂夹住脚架，右手托住仪器基座进行搬迁；如果距离较远，应将仪器装箱搬运。

（6）在烈日下或雨天进行观测时，应撑伞遮住仪器，以防曝晒或雨淋。

（7）仪器用完后应清去外表的灰尘和水珠，但切忌用手帕擦拭镜头。需要擦拭镜头时，应用专门的擦镜纸或脱脂棉。

（8）仪器应存放在阴凉干燥、通风和安全的地方，注意防潮、防霉，防止碰撞或摔跌损坏。

学习单元三　水准测量的一般方法

一、水准测量的实施

当 A、B 两点间距离较远或高差较大时，必须设置多个测站才能测定出高差 h_{AB}。如图 2-2-10 所示。

$$h_1 = a_1 - b_1$$
$$h_2 = a_2 - b_2$$
$$h_3 = a_3 - b_3$$
$$h_4 = a_4 - b_4$$

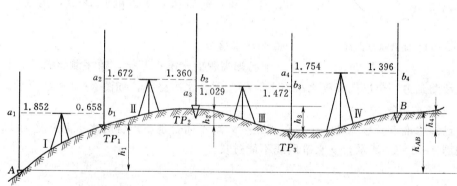

图 2-2-10　水准测量示意图（单位：m）

将上述各式相加即得 AB 两点高差：$h_{AB} = h_1 + h_2 + h_3 + h_4 = \sum h = (a_1 + a_2 + a_3 + a_4) - (b_1 + b_2 + b_3 + b_4) = \sum a - \sum b$。

则 B 点高程为 $H_B = H_A + h_{AB} = \sum a - \sum b$。

水准测量记录见表 2-2-1。

二、水准测量的路线

为了便于观测和计算各点的高程，检查和发现测量中可能产生的错误，必须将各点组成一条适当的施测路线（称为水准路线），使之有可靠的校核条件。在水准路线上，两相邻水准点之间称为一个测段。水准测量的路线形式有闭合水准路线、附合水准路线和支水准路线。

表 2 - 2 - 1　　　　　　　水 准 测 量 记 录

测站	测点	后视读数/m		高差/m		高程/m	备 注
		前视读数/m		+	−		
1	A	后	1.852	1.194		71.632	
	TP_1	前	0.658			72.826	
2	TP_1	后	1.672	0.312			
	TP_2	前	1.360			73.138	
3	TP_2	后	1.029		0.443		1985 年国家
	TP_3	前	1.472			72.695	高程基准
4	TP_3	后	1.754	0.358		73.053	
	B	前	1.396				
计算的校核		$\Sigma_后$　$\Sigma_前$	6.307 −) 4.886 +1.421	1.864 −) 0.443 +1.421		73.053 −) 71.632 +1.421	

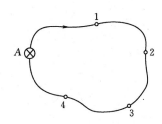

图 2-2-11　闭合水准路线

1. 闭合水准路线

闭合水准路线是由一个已知高程的水准点开始观测，顺序测量若干待测点，最后测回到原来开始的水准点。如图 2-2-11 所示，已知水准点 A 点的高程，由 A 点开始，顺序测定 1、2、3、4 点，最后从第 4 点测回 A 点，构成闭合水准路线。

2. 附合水准路线

由一个已知高程的水准点开始，顺序测定若干个待测点，最后连续测到另一个已知高程水准点上，构成附合水准路线，如图 2-2-12 所示。

3. 支水准路线

由已知水准点开始测若干个待测点之后，既不闭合也不附合的水准路线称为支水准路线，如图 2-2-13 所示。支水准路线不能过长。

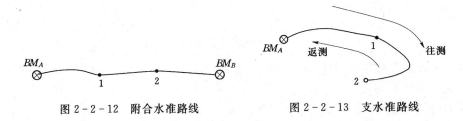

图 2-2-12　附合水准路线　　　　　　图 2-2-13　支水准路线

学习单元四　水准路线数据校核及闭合差的调整计算

一、水准测量的校核

1. 测站校核

为了及时发现观测中的错误，保证每个测站的高差观测的准确，可以采取测站校核的措施。测站校核有两种方法。

（1）两次仪器高法。在同一测站上观测高差两次，要求两次观测时改变仪器的高度，使仪器的视准轴高度相差 10cm 以上。若两次测量得到的高差之差不超过限差 6mm，则取平均高差作为该站观测高差。

（2）双面尺法。仪器高度不变，观测双面尺黑面与红面的读数，分别计算黑面尺和红面尺读数的高差，其差值在 5mm 以内时，取黑、红面尺高差的平均值为观测成果。

2. 水准路线校核

测站校核只能检查一个测站所测高差是否正确，但对于整条水准路线来说，还不足以说明它的精度是否符合要求。例如从一个测站观测结束至第二个测站观测开始时，转点位置若有较大的变动，在测站校核中是不能检查出来的，但在水准路线成果上就反映出来了，因此，要进行水准路线成果的校核，以保证全线观测成果的正确性。其校核方法如下：

（1）闭合水准路线。闭合水准路线各测段高差的总和理论值应等于零，即

$$\sum h_{理} = 0$$

由于存在测量误差，所以所测各段高差之和往往不等于零，产生高差闭合差 f_h，即

$$f_h = \sum h_{测}$$

（2）附合水准路线。附合水准路线各测段高差的总和理论值应等于终点高程减去始点高程，即

$$\sum h_{理} = H_{终} - H_{始}$$

同样由于存在测量误差，所以所测各段高差之和不等于理论值，产生高差闭合差 f_h，即

$$f_h = \sum h_{测} - \sum h_{理} = \sum h_{测} - (H_{终} - H_{始})$$

（3）支水准路线。支水准路线应沿同一路线进行往测和返测。从理论上往测与返测的高差总和应为零，即往测与返测的高差绝对值应相等，符号相反。如往测与返测高差总和不等于零即为闭合差

$$f_h = \sum h_{往} + \sum h_{返}$$

对于普通水准测量，高差闭合差的容许值为

$$f_{h_{容}} = \pm 12\sqrt{n} \quad \text{mm（山地）}$$

或

$$f_{h_{r容}} = \pm 40\sqrt{L} \quad \text{mm（平地）}$$

式中：n 为水准路线的测站数；L 为水准路线的长度，km。

水准路线的长度等于由测站至立尺点的后视与前视的距离总和。对于普通水准测量，

由于一般不测定水准路线的长度，所以常按测站数计算高差闭合差的容许值。

高差闭合差在容许范围内时，闭合差可按测站数或距离成正比例进行改正，改正数的符号应与闭合差的符号相反。根据已知点的高程和改正后的高差，依次计算各点的高程。若高差闭合差超过容许值，说明测量成果不符合要求，应当重测。

二、附合水准路线算例

如图 2-2-14 所示是一附合水准路线示意图。BM_A 和 BM_B 为已知水准点，高程分别是 $H_A = 10.723m$、$H_B = 11.730m$，各测段的观测高差 h_i 及路线长度 L_i 如图所示，计算各待测高程点 1 点、2 点、3 点的高程。

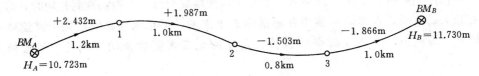

图 2-2-14　附合水准路线示意图

解：

（1）计算附合水准路线的高差闭合差 f_h。

$$f_h = \sum h_测 - (H_B - H_A) = +1.050 - (11.730 - 10.723) = +0.043(m) = +43(mm)$$

（2）计算高差闭合差的容许值。普通水准测量的闭合差容许值为 $f_{h_容} = \pm 40\sqrt{L}\,mm$。例题中，$L = 4.0km$，$f_{h_容} = \pm 40\sqrt{4.0} = \pm 80mm$，因为 $f_h < f_{h_容}$，说明观测成果的精度符合要求，若 $f_h > f_{h_容}$ 就必须返工外业，重新测量。

（3）调整高差闭合差。根据测量误差理论，调整高差闭合差的方法是：将高差闭合差反号，按与各测段的路线长度成正比例地分配到各段高差中。

$$\frac{-f_h}{L} = \frac{-(+43)}{4.0} = -10.75(mm)$$

每千米的高差改正数为
各测段的改正数分别为

$$V_1 = -10.75 \times 1.2 = -13(mm)$$

$$V_2 = -10.75 \times 1.0 = -11(mm)$$

$$V_3 = -10.75 \times 0.8 = -8(mm)$$

$$V_4 = -10.75 \times 1.0 = -11(mm)$$

改正数计算检核　　　　　$\sum V = -43mm = -f_h$

（4）计算改正后的高差及各点高程。

$$H_1 = H_A + h'_{A1} = H_A + h_{A1} + V_1 = 13.142(m)$$

$$H_2 = H_1 + h'_{12} = 15.118(m)$$

$$H_3 = H_2 + h'_{23} = 13.607(m)$$

16

高程计算检核　　　　$H_B = H_3 + h'_{3B} = 11.730(\text{m}) = H_B(\text{已知})$

上述计算过程可采用表 2-2-2 形式完成。首先把已知高程和观测数据填入表中相应的列，然后从左到右，逐列计算。有关高差闭合差的计算部分填在辅助计算一栏。

表 2-2-2　　　　　　　　　附合水准路线水准测量内业计算表

点号	距离 L /km	实测高差 h /m	改正数 V /m	改正后高差 h' /m	高程 H /m
A					10.723
	1.2	+2.432	−0.013	+2.419	
1					13.142
	1.0	+1.987	−0.011	+1.976	
2					15.118
	0.8	−1.503	−0.008	−1.511	
3					13.730
	1.0	−1.866	−0.011	−1.877	
B					11.730
Σ	40.0	+1.050	−0.043	+1.007	(+1.007)
辅助计算	$f_h = \Sigma h - (H_B - H_A) = +43(\text{mm})$ $f_{h_{容}} = \pm 40\sqrt{4.0} = \pm 80(\text{mm})$				

三、闭合水准路线算例

已知 BM_1 的高程为 26.262m，根据图 2-2-15 的测量资料，计算各点的高程。计算过程如下：

先将测点、测站数及各段高差记入表 2-2-3 中，计算高差闭合差

$$f_h = \Sigma h_{测} = +0.026(\text{m}) = +26(\text{mm})$$

测站总数 $n=16$，容许闭合差

$$f_{h_{容}} = \pm 12\sqrt{n} = \pm 48(\text{mm})$$

高差闭合差小于容许值，可按测站数比例反符

号改正，每测站的改正数为 $-\dfrac{+26}{16} = -1.6(\text{mm})$。

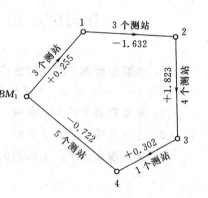

图 2-2-15　闭合水准路线
示意图（单位：m）

BM_1-1 段共 3 个测站，改正数为 −5mm，其余各段改正数依次为 −5mm、−6mm、−2mm 和 −8mm。

各段改正数的总和应等于 −26mm，与高差闭合差等值反号可以作为校核条件。将每段实测高差加上改正数，得每段改正后的高差。为了检查，改正后高差的总和应等于零，如不为零，说明计算工作有误。最后根据 BM_1 的高程和改正后的高差，计算各点的高程，计算出第 4 点高程 26.992m 后，还应加上 $4-BM_1$ 的高差 −0.730m，得 BM_1 的高程为 26.262m，与已知 BM_1 的高程一致，说明计算工作无误，这也可以作为

17

一项检核条件。

表 2-2-3　　闭合水准路线水准测量内业计算表

点号	测站数	实测高差 h /m	改正数 V /mm	改正后高差 h' /m	高程 H /m
BM_1					26.262
	3	+0.255	−5	+0.250	
1					26.512
	3	−1.632	−5	−1.637	
2					24.875
	4	+1.823	−6	+1.817	
3					26.692
	1	+0.302	−2	+0.300	
4					26.992
	5	−0.722	−8	−0.730	
BM_1					26.262
总和	16	+0.026	−26	0	
辅助计算		$f_h = \sum h_{测} = +0.026\text{m}$ $f_{h容} = \pm 12\sqrt{16} = \pm 48\text{mm}$			

学习单元五　微倾式水准仪的检验和校正

一、水准仪应满足的几何条件

如图 2-2-16 所示，水准仪各轴线应满足下列条件：

(1) 水准管轴平行于视准轴，即 $LL//CC$（主要条件）。

(2) 十字丝横丝垂直于竖轴。

(3) 圆水准器轴平行于仪器的竖轴，即 $L_f L_f//VV$。

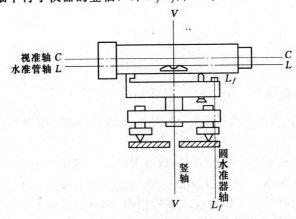

图 2-2-16　水准仪的轴线关系

二、水准管轴平行于视准轴的检验和校正

1. 检验

（1）在比较平坦的地面上相距 50m 左右打两个木桩或放两个尺垫作为固定点 A 和 B，立上水准尺，如图 2-2-17 所示。

（2）将仪器安置于距 A 点和 B 点的等距离处，测得高差 $h_1 = a_1 - b_1$，此时即使视线是倾斜的，但因为仪器到两标尺的距离相等，故误差相等，即 $x_1 = x_2$（$D_1\tan i = D_2\tan i$），由此求得的高差 h_1 还是正确的。

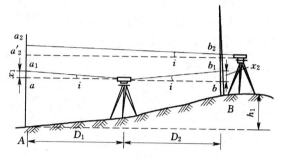

图 2-2-17　水准管轴平行于视准轴的检验

（3）将仪器安置于 B 点附近（距 B 点约 3m，当然也可以安置于 A 点附近），测第二次高差 $h_2 = a_2 - b_2$。

（4）判断。若 h_2 与 h_1 的差值不超过 3mm，则说明仪器的水准管轴平行于视准轴；若 h_2 与 h_1 的差值大于 3mm，则说明水准管轴不平行于视准轴，必须进行校正。

2. 校正

（1）求远尺正确读数：$a'_2 = b_2 + h_1$。

（2）校正方法。转动微倾螺旋，令在 A 尺上的读数恰为 a'_2，此时视线水平，若符合气泡不居中，则用校正针拨动水准管上、下两个校正螺丝，使气泡居中，水准管轴即平行于视准轴，如图 2-2-18 所示。

（3）再次检查。测第三次高差，求得 $h_3 = a_3 - b_3$，若 h_3 与 h_1 之差不超过 3mm，则校正工作结束。

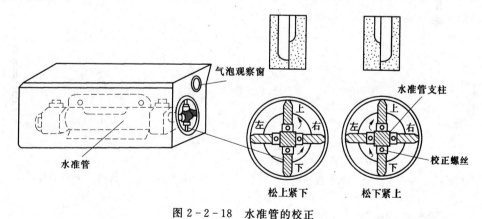

图 2-2-18　水准管的校正

学习单元六　水准测量的误差及其消减方法

一、仪器误差

仪器误差有：仪器校正不完善的误差和水准尺误差两种，而水准尺误差又包括刻划和

19

尺底零点不准确等误差。仪器校正不完善的误差，应在观测中运用施测手段予以消减；水准尺误差可用在施测中使一个测段内测站数为偶数的方法予以消减。

二、观测误差

1. 视差

视差是由于对光不完善而引起的产生的原因是成像面与十字丝面不重合，如图2-2-19所示，认真做好对光可消除视差。

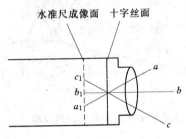

图 2-2-19　视差

2. 整平误差

利用符合水准器整平仪器的误差约为 $\pm 0.0755\tau''$（τ'' 为水准管分划值），若仪器至水准尺的距离为 D，则在读数上引起的误差为

$$m_{\text{平}} = \pm \frac{0.075\tau''}{\rho''}D$$

式中 $\rho'' = 206265''$，指1弧度所对应的秒数。

3. 照准误差

人眼的分辨力，通常当视角小于 $60''$ 时就不能分辨尺上的两点，若用放大倍率为 V 的望远镜照准水准尺，则照准精度为 $60''/V$，若水准仪与水准尺的距离为 $D(\text{m})$，则照准误差为

$$m_{\text{照}} = \pm \frac{60''}{V\rho}D$$

当 $V=30$、$D=100\text{m}$ 时，$m_{\text{照}} = \pm 0.97\text{mm}$。

4. 水准尺竖立不直的误差

操作时水准尺立正保持竖直，视线不要太高。水准尺竖立不直，无论前倾还是后仰都会使读数变大，如图2-2-20所示。

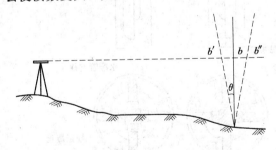

图 2-2-20　水准尺竖立不直的误差

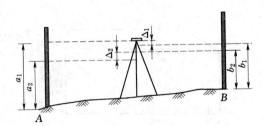

图 2-2-21　仪器下沉引起的误差

三、外界条件的影响

1. 仪器和尺垫升降的误差

仪器和尺垫要踩紧，不要松动。观测要迅速，在高等级水准测量中需采用一定的观测手段，如图2-2-21所示。

2. 地球曲率的影响

将仪器安置于距 A 点和 B 点等距离处，这时 $\delta_1 = \delta_2$，$h_{AB} = a - b$，这样就可消除地球

曲率的影响，如图 $2-2-22$ 所示。

3. 大气折光的影响

在水准测量中，视线不能太接近地面，高度应在 0.3m 以上；前后视地表应大致一样；视线尽可能避免跨越河流、塘堰等水面，否则应特别注意，如图 $2-2-23$ 所示。

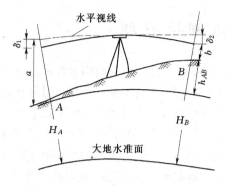
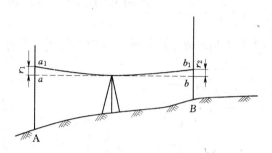

图 $2-2-22$　地球曲率引起的误差　　　　图 $2-2-23$　大气折光引起的误差

学 习 项 目 小 结

（1）水准测量是利用水平视线来测定两点的高差，进而推算出待定点高程的过程。

（2）水准仪是用来测量两点高差的仪器，它包括望远镜、水准器和基座。水准仪可以提供一条水平视线。

（3）在水准测量中，如果待定点与已知点相距较远，往往要多次安置仪器。观测时，在一测站上读取后尺与前尺读数，然后用后视读数减前视读数，即得该站两点之高差；仪器搬至下一站，同法测得第二站高差；……依次继续下去，所得各测站上高差之和即为所需测定的两点的高差。在实际作业时，应采用表格随测、随记、随算的方式，并依据（∑后视−∑前视）＝∑高差＝（终点高程−终点高程）来校核计算是否有误。

（4）由于测量不可避免地存在误差，一般须按照一定的水准路线测量以检核消除误差。单一水准路线分为附合水准路线、闭合水准路线和支水准路线。路线满足精度要求后，应对闭合差进行调整。调整的原则是：将闭合差反其符号，按路线长度或测站数成正比分配到各段高差观测值上。

（5）为了保证测量成果的应有精度，除避免粗差错误外，应注意做好对光工作，以消除视差；尽可能使前后距相等，以消除水准管不平行于视准轴误差的影响、地球曲率的影响以及削弱大气折光的影响；令符合水准管气泡严格居中读数，以消减仪器整平误差；在限制的视线内立尺，并仔细估读，以提高读数精度；视线应离开地面的 0.3m 以上，以削弱折光差等影响。

（6）在进行水准测量前，应对仪器进行检验、校正。以达到：①水准管轴平行于视准轴；②十字丝横丝垂直于竖轴；③圆水准器轴平行于仪器的竖轴。

学习项目三 角 度 测 量

学习单元一 水平角测量原理

水平角是地面上两直线之间的夹角在水平面上的投影。水平角一般用 β 表示。设想在竖线 Oo 上的 O 点放置一个按顺时针注记的全圆量角器（称为度盘），并使其水平。如图 2-3-1 所示，通过 OA 的竖面与度盘的交线读数 m，通过 OB 竖面与度盘的交线得另一读数 n，则 n 减 m 就是水平角 β。

水平角测量公式为

$\angle aob = \angle a'o'b' = n - m = \beta$。

测量水平角的仪器必须满足以下两个条件：

（1）必须有一个带刻度的圆盘，测角时能水平放置，且圆盘中心位于角顶 O 的铅垂线上。

（2）必须有一个能上下、左右转动用

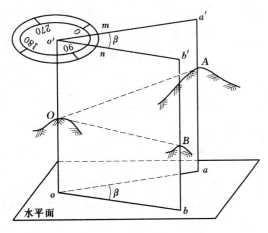

图 2-3-1 水平角测量原理

以瞄准目标的望远镜，且在仪器水平，望远镜上下转动时扫出一个竖直面。

学习单元二 DJ₆ 型光学经纬仪

中国生产的光学经纬仪，按精度从高至低排列，分为 DJ₀₇ 型、DJ₁ 型、DJ₂ 型、DJ₆ 型和 DJ₁₅ 型五种，"D" 和 "J" 分别表示 "大地测量" 和 "经纬仪" 的汉语拼音的第一个字母，07、1、2、6、15 分别表示该仪器一测回水平方向观测值中误差不超过的秒数。其中 DJ₀₇ 型、DJ₁ 型和 DJ₂ 型属于精密经纬仪，DJ₆ 型和 DJ₁₅ 型属于普通经纬仪。本学习单元主要介绍普通测量中常用的 DJ₆ 型光学经纬仪。

DJ₆ 型光学经纬仪一般可分解为照准部、水平度盘和基座 3 部分。

1. 照准部

照准部位于仪器基座的上方，能够绕竖轴转动。如图 2-3-2 所示，照准部由望远镜、横轴、竖直度盘、光学读数设备、水准器与竖轴等部件组成。

（1）望远镜。用来照准目标，它固定在横轴上，绕横轴而俯仰，可以利用望远镜制动螺旋和微动螺旋控制其俯仰转动。

（2）横轴。是望远镜俯仰转动的旋转轴，由左右支架所支承。

（3）竖直度盘。用光学玻璃制成，用来测量竖直角。

（4）光学读数设备。用来读取水平度盘和竖直度盘的读数。

（5）水准器。包括圆水准器和管水准器，用来置平仪器，使水平度盘处于水平位置。

（6）竖轴。竖直通过水平度盘的中心，可以使照准部在水平方向转动。

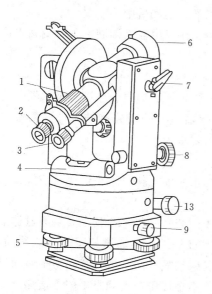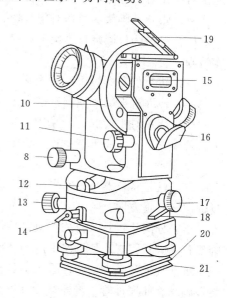

图 2-3-2 DJ₆型光学经纬仪外形图

1—望远镜调焦手轮；2—目镜；3—读数显微镜目镜；4—照准部水准管；5—脚螺旋；6—望远镜物镜；7—望远镜制动扳手；8—望远镜微动螺旋；9—底座制紧螺丝；10—竖盘；11—竖盘水准管微动螺旋；12—底座光学对中器目镜；13—水平微动螺旋；14—水平制动扳手；15—竖盘指标水准管；16—反光镜；17—度盘变换手轮；18—保险手柄；19—竖盘指标水准管反光镜；20—托板；21—压板

2. 水平度盘

水平度盘系用光学玻璃制成。在度盘上依顺时针刻有 0°～360°的分划，用以测量水平角。

3. 基座

基座是用来支承整个仪器的底座，用中心螺旋与三脚架相连接。基座上有 3 个脚螺旋，转动脚螺旋，可以使照准部水准管气泡居中，从而导致水平度盘处于水平位置，即仪器的竖轴处于铅垂状态。

学习单元三 水 平 角 测 量

一、经纬仪的安置

经纬仪安置操作程序是：打开三脚架腿，调整好其长度使脚架高度适合于观测者的高度，张开三脚架，将其安置在测站上，使脚架头大致水平。从仪器箱中取出经纬仪放置在三脚架头上，并使仪器基座中心基本对齐三脚架的中心，旋紧连接螺旋后，即可进行安置工作主要的两项工作：对中和整平。

1. 对中

对中的目的是使仪器的中心（竖轴）与测站点（角的顶点）位于同一铅垂线上。使用光学对中器对中应与整平仪器结合进行。光学对中的步骤如下：

（1）张开三脚架，目估对中且使三脚架架头大致水平，架高适中。

（2）将经纬仪固定在脚架上，调整对中器目镜焦距，使对中器的圆圈标志和测站点影像清晰。

（3）转动仪器脚螺旋，使测站点影像位于圆圈中心。

（4）伸缩脚架腿，使圆水准器泡居中。然后，旋转脚螺旋，通过管水准整平仪器。

（5）察看对中情况，若偏离不大，可以通过平移仪器使圆圈套住测站点位，精确对中。若偏离太远，应重新整置三脚架，直到达到对中的要求为止。

2. 整平

整平就是将仪器整置水平。整平的目的是使仪器的水平度盘位于水平位置或使仪器的竖轴位于铅垂方向。

整平分两步进行。首先用脚螺旋使圆水准气泡居中，即概略整平。其主要是通过伸缩脚架腿或旋转脚螺旋使圆水准气泡居中，其规律是圆水准气泡向伸高脚架腿的一侧移动，或圆水准气泡移动方向与左手大拇指和右手食指旋转脚螺旋的方向一致；精确整平是通过旋转脚螺旋使照准管水准器在相互垂直的两个方向上气泡都居中。精确整平的方法如下。

（1）旋转仪器使照准部管水准器与任意两个脚螺旋的连线平行，用两手同时相对或相反方向转动这两个脚螺旋，使气泡居中。

（2）然后将仪器旋转90°，使水准管与前两个脚螺旋的连线垂直，转动第三个脚螺旋，使气泡居中。如果水准管位置正确，如此反复进行数次即可达到精确整平的目的，即水准管器转到任何方向时，水准气泡都居中，或偏离不超过1格，如图2-3-3所示。

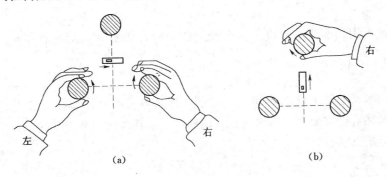

左 右
(a)   (b)

图2-3-3 水准管整平方法

注意事项：

在垂球对中时，对中与整平相互独立，应先对中后在整平，对中最大偏差一般不大于3mm，整平误差在任意方向不超过半格。

在光学对中时，对中和整平相互影响。对中后，要应用脚架大致整平仪器（使圆气泡居中），然后再利用脚螺旋整平，整平后观测是否对中，如果不对中，可以松开中心螺丝，使精确对中，然后再整平，这个工作重复两三次即可完成对中整平工作。

二、水平角观测

为了消除仪器的某些误差，一般用盘左和盘右两个位置进行观测。所谓盘左，就是观测者对着望远镜的目镜时，竖盘在望远镜的左边；盘右，则是观测者对着望远镜的目镜时，竖盘在望远镜的右边。盘左又称正镜；盘右又称倒镜。

根据观测目标的多少，常采用的水平角的观测方法有测回法和全圆测回法。

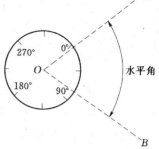

图 2-3-4 测回法测水平角

1. 测回法

测回法只用于观测两个方向之间的单角，是水平角观测的基本方法。设要测的水平角为∠AOB，如图 2-3-4 所示，在 O 点安置经纬仪，分别照准 A、B 两点的目标进行读数，两读数之差即为要测的水平角值。其具体操作步骤如下：

（1）安置仪器，对中和整平。

（2）盘左瞄准左方目标 A。

（3）配度盘使水平度盘的读数略大于 0°（如图 0°01′06″），记入记录手簿。

（4）按顺时针方向转动照准部，瞄准右方目标 B，读出水平度盘读数，此为上半测回角值。

（5）盘右瞄准左方目标 A 读数，再瞄准右方目标 B 读数，称为下半测回的角值。取两个半测回的平均值作为一测回的角值。

（6）为了消减由于度盘刻划不均匀对测角的影响，在每个测回观测时，应变换度盘位置，变换数值按 180°/n 计算（n 个测回数）。

（7）按表 2-3-1 计算水平角。限差要求：上下半测角值差不超过 36″，测回差不超过 24″。

表 2-3-1 　　　　　　　　　　　　水 平 角 观 测 记 录

测站（测回）	目标	竖盘位置	水平度盘读数/(° ′ ″)	半测回角值/(° ′ ″)	一测回角值/(° ′ ″)	各测回平均角值/(° ′ ″)	备注
O (1)	A	左	0 01 06	68 47 12	68 47 09	68 47 08	
	B		68 48 18				
	A	右	180 01 24	68 47 06			
	B		248 48 30				
O (2)	A	左	90 01 24	68 47 12	68 47 06		
	B		158 48 36				
	A	右	270 01 48	68 47 00			
	B		338 48 48				

2. 全圆测回法

观测 3 个及 3 个以上的方向时，通常采用全圆测回法（也称方向观测法或全圆方向法），它是以某一个目标作为起始方向（又称零方向），依次观测出其余各个目标相对于起始方向的方向值，然后根据方向值计算水平角值的测量方法。

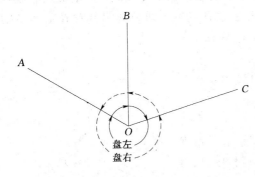

图 2-3-5 全圆测回法测量水平角

如图 2-3-5 所示，测站 O 上观测到 A、B、C 各个方向之间的水平角，用全圆测回法的操作步骤如下：

（1）安置经纬仪，对中整平。

（2）配度盘读数略大于 $0°$，以盘左位置瞄准起始方向（又称零方向）A 点，按顺时针方向依次瞄准 B 点和 C 点，最后顺时针旋转再次瞄准 A 点。读数、记录。

（3）盘右位置瞄准 A 点，按逆时针方向依次瞄准 C 点和 B 点，最后再次瞄准 A 点，读数记录。

（4）多测几个测回。每个测回开始时也要变换度盘位置，变换值同测回法。

（5）按表 2-3-2 计算水平角。限差要求：半测回归零差不大于 $24''$，测回差不大于 $24''$。

表 2-3-2　　全圆测回法观测记录

测站（测回）	目标	水平度盘读数/(° ′ ″)		盘左、盘右平均值/(° ′ ″) $\frac{左＋右\pm180°}{2}$	归零方向值/(° ′ ″)	各方向归零方向平均值/(° ′ ″)	水平角值/(° ′ ″)
		盘　左	盘　右				
1	2	3	4	5	6	7	8
0（1）	A	0　01　06	180　01　12	0　01　09	0　00　00	0　00　00	62　47　19
	B	62　48　36	242　48　30	62　48　33	62　47　21	62　47　19	88　31　54
	C	151　20　24	331　20　24	151　20　24	151　19　12	151　19　13	208　40　47
	A	0　01　12	180　01　18	0　01　15			
				(90　01　10)			
0（2）	A	90　01　06	270　01　06	90　01　06	0　00　00		
	B	152　48　30	332　48　24	152　48　27	62　47　17		
	C	241　20　30	61　20　18	241　20　24	151　19　14		

学习单元四　竖直角测量

一、竖直角测量的基本概念

在竖直面内视线方向与水平线的夹角为竖直角，如图 2-3-6 所示。竖直角范围：$-90°\sim+90°$，视线上倾斜，竖直角为仰角，符号为正；视线向下倾斜，竖直角为俯角，符号为负。

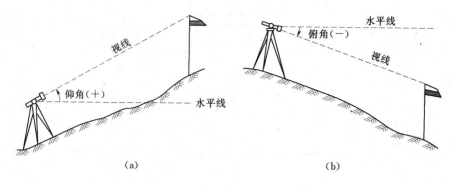

图 2-3-6 竖直角的概念

二、竖直度盘和读数系统

（1）竖直度盘随着望远镜的转动而转动。

（2）望远镜视线水平、竖盘指标水准管气泡居中时，指标线所指的读数应为 0°、90°、180°或 270°。

（3）指标线随着指标水准管微动螺旋的转动而运动。

三、竖直角的计算

竖直角的角值是目标视线的读数与水平视线读数（始读数）之差，但需判定它的正、负，即是仰角还是俯角。竖直度盘注记有顺时针和逆时针两种不同的形式，因此竖直角的计算公式也不一样。

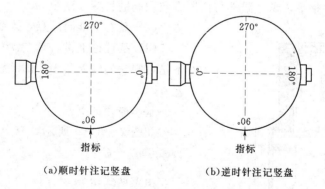

（a）顺时针注记竖盘　　　　（b）逆时针注记竖盘

图 2-3-7 竖直度盘刻划的两种情况

如图 2-3-7（a）所示，度盘顺时针注记，计算公式为 $\alpha_左=90°-L$，$\alpha_右=R-270°$。
如图 2-3-7（b）所示，度盘逆时针注记，计算公式为 $\alpha_左=L-90°$，$\alpha_右=270°-R$。

四、竖直角的观测步骤

（1）安置仪器，对中整平。

（2）盘左瞄准观测目标，转动竖盘指标水准管微动螺旋，使指标水准管气泡居中，读取竖盘读数，记录。

（3）盘右，重复相同步骤。

（4）按表 2-3-3 计算竖直角。

表 2 - 3 - 3　　　　　　　　　竖 直 角 观 测 记 录

测站	目标	竖盘位置	竖盘读数 /(° ′ ″)	半测回竖直角 /(° ′ ″)	一测回竖直角 /(° ′ ″)	备注
A	B	盘左	83 37 12	6 22 48	6 22 51	瞄准目标高度为 2.0m
		盘右	276 22 54	6 22 54		
A	C	盘左	99 40 12	−9 40 12	−9 40 36	瞄准目标高度为 1.2m
		盘右	260 19 00	−9 41 00		

学习单元五　经纬仪的检验和校正

如图 2 - 3 - 8 所示，经纬仪的轴线关系应满足以下条件：

(1) 照准部水准管轴垂直于竖轴，即 $LL \perp VV$。

(2) 十字丝竖丝垂直于横轴。

(3) 视准轴垂直于横轴，即 $CC \perp HH$。

(4) 横轴垂于竖轴，即 $HH \perp VV$。

一、视准轴垂直于横轴的检验和校正

1. 检验

视准轴垂直于横轴的检验方法如下。

(1) 仪器对中整平，盘左瞄准与仪器大致同高的目标，读数 $m_左$。

(2) 盘右瞄准同一点，读数 $m_右$。

(3) 从理论上讲，盘左盘右相差 180°，如果不是，则它们的差与 180°的差称为两倍的视准误差 C。

基本原理如下：

如图 2 - 3 - 9 所示，有 $m = m_左 + C$，$m \pm 180° = m_右 - C$。

由上两式得 $m = \frac{1}{2}(m_左 + m_右 \pm 180°)$，$C = \frac{1}{2}(m_右 - m_左 + 180°)$。

如果 C 大于 30″ 则需要校正。

2. 校正

视准轴垂直于横轴的校正方法如下。

(1) 计算盘右位置的正确读数，$m \pm 180° = \frac{1}{2}(m_右 + m_左 \pm 180°)$。

(2) 转动照准部的水平微动螺旋，使读数恰

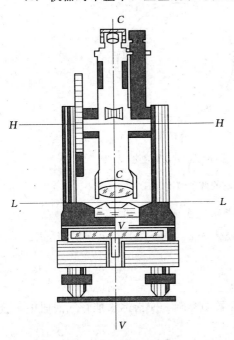

图 2 - 3 - 8　经纬仪主要轴线关系

为求出的盘右位置的正确读数，此时十字的竖丝即离开目标。

（3）旋下十字丝校正螺丝的护盖，略松十字丝分划板上下校正螺丝，使十字丝中心对准目标。

（4）反复这一过程，如果 C 小于 $30''$ 则校正结束。

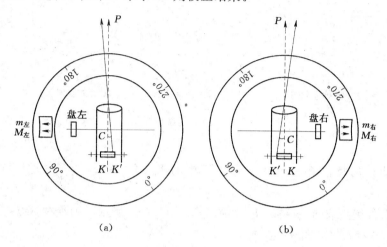

图 2-3-9 视准轴垂直于横轴检校原理

二、横轴垂直于竖轴的检验和校正

1. 检验

横轴垂直于竖轴的检验方法如下。

（1）整平仪器，在盘左位置将望远镜瞄准墙上高处 M 点，固定照准部和水平度盘，令望远镜俯至水平位置，根据十字丝交点在墙上标出一点 m_1。

（2）倒转望远镜，在盘右位置仍瞄准高点 M，使望远镜俯至水平位置，同法在墙上标出一点 m_2。

（3）若 m_1 与 m_2 两点不重合，则表明横轴不垂直于竖轴，需要校正。

2. 校正

（1）如图 2-3-10 所示，用尺子量出 m_1、m_2 之间的距离，取其中点 m。

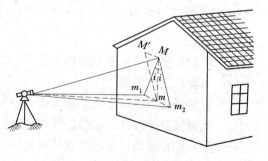

图 2-3-10 横轴误差的校正

（2）用照准部微动螺旋将望远镜的十字丝交点对准 m 点，然后仰起望远镜至 M 的高度，此时十字丝交点必然不再与原来的 M 点重合而对着另一点 M'。

（3）校正横轴，使十字丝交点对准 M 点。

三、竖直度盘指标差的检验和校正

竖直度盘指标差概念：在正常情况下，当望远镜的视线处于水平位置，竖盘指标水准管气泡居中时，竖直度盘上的读数应该是一个整数（$90°$、$270°$或 $0°$、$180°$），如果不是，它与整数的差数即为竖盘指标差 i［图 2-3-11（a）］。

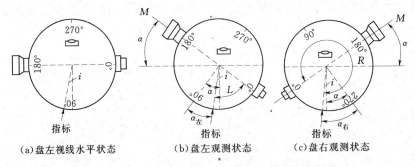

（a）盘左视线水平状态　　（b）盘左观测状态　　（c）盘右观测状态

图 2-3-11　竖盘指标差

1. 检验

盘左时测得的竖直角 $\alpha_左=90°-L$，正确的竖直角 $\alpha=\alpha_左+i$，如图 2-3-11（b）所示。

若以盘右位置瞄准同一目标 M，如图 2-3-11（c）所示，则盘右时测得的竖直角 $\alpha_右=R-270°$，正确的竖直角 $\alpha=\alpha_右-i$。

由上面关系有 $i=\dfrac{\alpha_右-\alpha_左}{2}$。

将竖直角的计算公式带入上式得 $i=\dfrac{L+R-360°}{2}$，$\alpha=\dfrac{\alpha_左+\alpha_右}{2}$。

例如：盘左时竖直度盘的读数为 $L=75°43'$，则 $\alpha_左=+14°17'$；盘右时竖直度盘的读数为 $R=284°18'$，则 $\alpha_右=+14°18'$。其指标差为 $i=\dfrac{L+R-360°}{2}=\dfrac{75°43'+284°18'-360°}{2}$ $=+30''$。正确竖直角为 $\alpha=\dfrac{\alpha_左+\alpha_右}{2}=\dfrac{14°18'+14°17'}{2}=+14°17'30''$。

2. 校正

竖直度盘指标差的校正方法如下。

（1）求盘右正确读数。

（2）旋转竖盘指标水准管微动螺旋，使竖盘读数恰为算出的盘右正确读数。

（3）此时竖盘指标处于正确位置而竖盘指标水准管气泡不居中，于是打开竖盘指标水准管的盖板，校正竖盘指标水准管的两颗校正螺丝。

（4）反复校正，直至竖盘指标差小于 $24''$ 为止。

学习单元六　角度测量误差及其消减方法

一、水平角测量误差

1. 仪器误差

仪器误差主要是经纬仪校正后的残余误差。

视准轴不垂直于横轴以及横轴不垂直于竖轴的误差，可以用盘左和盘右两个位置观测，取其平均值来消除。

照准部水准管轴不垂直于竖轴的残余误差是不能用盘左、盘右观测的方法来消除的，因此在测角时应细心地整平仪器，使竖轴竖直。

度盘刻划不均匀的误差，可通过多观测几个测回的方法来消除。

2. 观测误差

观测误差主要是照准误差和读数误差。

观测误差可以通过消除视差、认真瞄准和仔细读数等方法来削弱。

3. 仪器对中误差

如图 2-3-12 所示，偏心距 e 越大或边长 S 越短，则对水平角观测的影响越大，即仪器对中误差越大。因此测量时应特别注意仪器对中，采用光学对中，甚至强制对中来削弱误差。

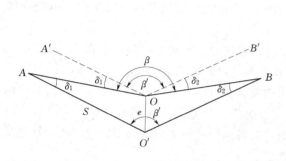

图 2-3-12　仪器对中误差

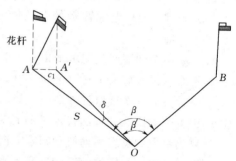

图 2-3-13　照准点偏心误差

4. 照准点偏心误差

如图 2-3-13 所示，偏心距越小或边长 S 越长，则照准点偏心误差也越小。

测量时应将标杆竖直，精度要求较高时，可以采用垂球对中、光学对中和强制对中等方法来削弱误差。

5. 外界条件的影响

如图 2-3-14 所示，大气折光对观测的影响较大，另外地面辐射、温度变化、土质松软或风力变化也会对观测结果产生影响。

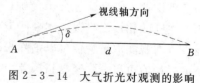

图 2-3-14　大气折光对观测的影响

对外界条件产生的影响的削弱方法有很多种，如选择对观测有利的时间，视线应离障碍物 1m 以外，视线应离地面在 1m 以上；观测时必须打伞保护仪器；仪器从箱子里拿出来后，应放置半小时以上，令仪器适应外界温度再开始观测；安置仪器时应将脚架踩牢等。

二、竖直角测量误差

1. 仪器误差

仪器误差主要有度盘刻划误差、度盘偏心差及竖盘指标差等。竖盘指标差可采用盘左盘右观测取平均值的方法加以消除。

2. 观测误差

竖直角的观测误差及削弱方法与水平角的类似。

3. 外界条件的影响

外界条件的影响与水平角测量时基本相同。但大气折光的影响在水平角测量中产生的是旁折光，在竖直角测量中产生的是垂直折光。

学 习 项 目 小 结

(1) 水平角测量是确定地面点平面位置的重要元素之一。所谓水平角，就是地面上两直线在水平面投影的夹角。在水平角测量中，若在一测站上仅观测两个方向可以采用测回法；若观测两个以上的方向，可采用全圆测回法。

(2) 采用测回法测水平角时，应先安置仪器于测站上，对中整平后，在盘左位置令水平度盘读数略大于 $0°$，瞄准左方目标读数，旋转照准部瞄准右方目标读数，求得上半测回角度值；倒转望远镜同样测得下半测回角度值，取其平均值为一测回角度值。若需观测几个测回，则每测回起始读数的变换值为 $180°/n$。各测回值之差符合要求时，取平均值作为水平角值。

(3) 采用全圆测回法测水平角时，应先将仪器安置于测站上，对中整平后，在盘左位置令水平度盘读数略大于 $0°$（并按 $180°/n$ 计算各测回起始读数变换值），瞄准起始目标读数，顺时针方向依次读取各方向值，最后回到起始方向（归零），若"归零差"在容许范围内，则上半测回测完；倒镜，逆时针方向依次读取各方向值并归零，得下半测回方向值，计算出盘左、盘右平均值和归零方向值，若各测回同一方向的归零方向值之差符合要求，则算出各测回归零方向平均值和水平角值。

(4) 在竖直面内视线方向与水平线的夹角称为竖直角。观测时除仪器对中整平外，还应用十字丝瞄准目标，令竖盘指标水准管气泡严格居中后再读取竖盘读数，按度盘注记的形式计算得到竖直角。

(5) 由水平角和竖直角的测量原理可知，要准确地测得水平角和竖直角，要求经纬仪满足几个几何条件：①照准部水准管轴垂直于竖轴；②十字丝竖丝垂直于横轴；③视准轴垂直于横轴；④横轴垂直于竖轴；在测竖直角时还要求进行竖直度盘指标差的检验和校正。在检验和校正时按上述顺序进行。通过后三项的检验和校正可知：在水平角测量中，盘左盘右观测取平均值可以消除视准误差和横轴误差的影响；在测竖直角时，盘左盘右观测取平均值可以消除竖盘指标差。

学习项目四　距离测量和直线定向

学习单元一　距　离　测　量

一、距离的概念

距离是确定地面点位置的基本要素之一。测量上的距离是指两点间的水平距离（简称平距）。测量距离的方法一般有钢尺量距、视距测量、光电测距和全站仪测距等。

二、钢尺量距

1. 丈量工具

通常使用的量距工具为钢尺，还有测钎、标杆、弹簧秤和温度计等辅助工具。

2. 丈量方法

（1）一般丈量方法。要丈量平坦地面上 A、B 两点间的距离，其操作过程是：先在标定好的 A、B 两点立标杆，进行定线，如图 2-4-1 所示，然后进行丈量。丈量时后尺手拿尺的零端，前尺手拿尺的末端，后尺手把零点对准 A 点，前尺手把尺边近靠定线测钎，两人同时拉紧尺子，当尺拉稳后，前尺手对准尺的终点刻划将一测钎竖直插在地面上。这样就量完了第一尺段。

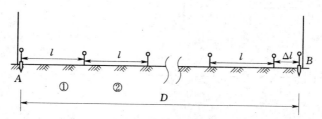

图 2-4-1　一般丈量方法示意图

用同样的方法，继续向前量第二、第三……第 n 尺段。量完每一尺段时，后尺手必须将插在地面上的测钎拔出收好，用来计算量过的整尺段数。最后量不足一整尺段的距离，如图 2-4-1 所示。当丈量到 B 点时，由前尺手用尺上某整刻划线对准终点 B，后尺手在尺的零端读数至毫米，量出零尺段长度 Δl。

上述过程称为往测，往测的距离可用下式计算：

$$D = nl + \Delta l$$

式中：l 为整尺段的长度；n 为丈量的整尺段数；Δl 为零尺段长度。

接着再调转尺头用以上方法，从 B 至 A 进行返测，直至 A 点为止。然后再依据上式计算出返测的距离。往返各丈量一次称为一测回，在符合精度要求时，取往返距离的平均值作为丈量结果。

当地面稍有倾斜时，可把尺一端抬高，使尺子水平，就能按整尺段依次水平丈量，如

图 2-4-2（a）所示，分段量取，最后计算总长。若地面倾斜较大，则使尺子一端靠高地点桩顶，对准端点位置，尺子另一端用垂球线紧靠尺子的某分划，将尺拉紧且水平。放开垂球线，使它自由下坠，垂球尖端位置即为低点桩顶。然后量出两点的水平距离，如图 2-4-2（b）所示。

在倾斜地面上丈量，仍需往返进行，在符合精度要求时，取其平均值作为丈量结果。

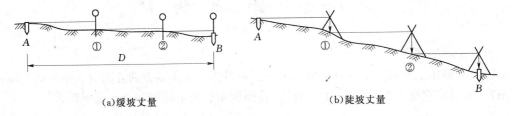

(a)缓坡丈量　　　　　　　　　　(b)陡坡丈量

图 2-4-2　缓坡地面与陡坡地面丈量示意图

（2）精密丈量方法。

1）定线。欲精密丈量地面上 AB 两点间的距离，需安置经纬仪于 A 点上，瞄准 B 点，在视线上依次定出比钢尺一整尺略短的 A1、12、23……等尺段。在各尺段端点打下木桩，在木桩上划一条线或钉钉子，使其与 AB 方向重合，作为丈量的标志，如图 2-4-3 所示。

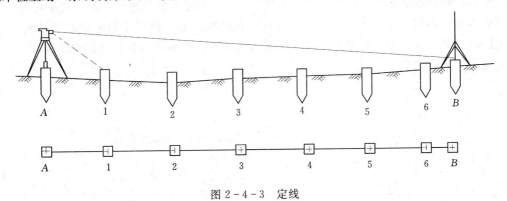

图 2-4-3　定线

2）量距。用检定过的钢尺丈量相邻两木桩之间的距离。后尺手将弹簧秤挂在尺的零端，以便施加钢尺检定时的标准拉力（30m 钢尺，标准拉力为 10kg），如图 2-4-4 所示。两端的读尺员同时根据十字交点读取读数，估读到 0.1mm 记入手簿。每尺段要移动钢尺位置丈量 3 次，3 次测得的结果的较差一般不得超过 2～3mm，否则要重量。如在限差以内，则取 3 次结果的平均值，作为此尺段的观测成果。每量一尺段都要读记温度一次，估读到 0.5℃。

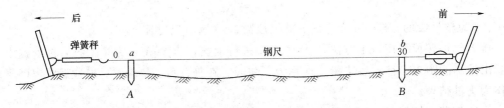

图 2-4-4　精密丈量量距示意图

3）测量桩顶高程。上述所量的距离，是相邻桩顶间的倾斜距离，为了改算成水平距离，要用水准测量方法测出各桩顶的高程，以便进行倾斜改正。水准测量宜在量距前或量距后往、返观测一次，进行检核。相邻两桩顶往、返所测高差之差，一般不得超过 $\pm 10\text{mm}$；如在限差以内，取其平均值作为观测成果。

4）尺段长度的计算。精密量距中，每一尺段长需进行尺长改正、温度改正及倾斜改正，求出改正后的尺段长度。计算各改正数的方法如下：

a. 尺长改正。钢尺在标准拉力、标准温度下的检定长度为 L'，与钢尺的名义长度 L_0 往往不一致，其差 $\Delta L = L' - L_0$，即为整尺段的尺长改正。任一尺段 L 的尺长改正数 $\Delta L_d = (L' - L_0)L/L_0$。

b. 温度改正。设钢尺在检定时的温度为 $t_0℃$，丈量时的温度为 $t℃$，钢尺的线膨胀系数为 α，则某尺段 L 的温度改正数 $\Delta L_t = \alpha(t℃ - t_0℃)L$。

c. 倾斜改正。设 L 为量得的斜距，h 为尺段两端间的高差，现要将 L 改算成水平距离 D'，故要加倾斜改正数 $\Delta L_h = -h_2/2L$。倾斜改正数永远为负值。

d. 尺段平距计算。考虑前三项改正数，设改正后的水平距离为 D'，则

$$D' = L + \Delta L_d + \Delta L_t + \Delta L_h$$

e. 总长计算。将改正后的各尺段距离相加，得到总长距离

$$D = \sum D'$$

三、丈量成果处理与精度评定

为了避免错误和判断丈量结果的可靠性，并提高丈量精度，距离丈量要求往返丈量。用往返丈量的较差 ΔD 与平均距离 D 之比来衡量它的精度，此比值用分子为 1 的分数形式来表示，称为相对误差 K，即

$$\Delta D = D_{往} - D_{返}$$

$$D_{平} = \frac{1}{2}(D_{往} + D_{返})$$

$$K = \frac{\Delta D}{D_{平}} = \frac{1}{\dfrac{D_{平}}{\Delta D}}$$

如相对误差在规定的允许限度内，即 $K \leqslant K_允$，可取往返丈量的平均值作为丈量成果。如果超限，则应重新丈量直到符合要求为止。一般情况下，平坦地区丈量的精度应不低于 1/2000，在困难地区，也不应低于 1/1000。

四、距离丈量的注意事项

1. 影响量距成果的主要因素

（1）尺身不平。

（2）定线不直。定线不直会使丈量沿折线进行，其影响和尺身不水平的误差一样，在起伏较大的山区、直线较长或精度要求较高时应用有关仪器定线。

（3）拉力不均。钢尺的标准拉力多是 100N，故一般丈量中只要保持拉力均匀即可。

（4）对点和投点不准。丈量时用测钎在地面上标志尺端点位置，若前尺手和后尺手配合不好，插钎不直，很容易造成 3～5mm 的误差。如在倾斜地区丈量，用垂球投点，误差可能更大。在丈量中应尽力做到对点准确，配合协调，尺要拉平，测钎应直立，投点要准。

（5）丈量中常出现的错误。丈量中常出现的错误主要有认错尺的零点和注字，例如把 6 误认为 9；记错整尺段数；读数时，由于精力集中于小数而对分米、米有所疏忽，把数字读错或读颠倒；记录员听错、记错等。为防止错误就要认真校核，提高操作水平，加强工作责任心。

2. 注意事项

（1）丈量距离会遇到地面平坦、起伏或倾斜等各种不同的地形情况，但不论何种情况，丈量距离有三个基本要求：“直、平、准”。直，就是要量两点间的直线长度，不是折线或曲线长度，为此定线要直，尺要拉直；平，就是要量两点间的水平距离，要求尺身水平，如果量取斜距也要改算成水平距离；准，就是对点、投点计算要准，丈量结果不能有错误，并符合精度要求。

（2）丈量时，前后尺手要配合好，尺身要置水平，尺要拉紧，用力要均匀，投点要稳，对点要准，尺稳定时再读数。

（3）钢尺在拉出和收卷时，要避免钢尺打卷。在丈量时，不要在地上拖拉钢尺，更不要扭折，防止行人踩和车压，以免折断。

（4）尺子用过后，要用软布擦干净，涂以防锈油，再卷入盒中。

学习单元二　直　线　定　向

一、定向的意义

确定两点在平面坐标中的相对关系时必须进行直线定向。确定一条直线与起始方向的关系称为直线定向。

二、起始方向

1. 真子午线方向

通过地面上某点指向地球南北极的方向，称为该点的真子午线方向，它是用天文测量的方法测定的。

2. 磁子午线方向

地面上某点当磁针静止时所指的方向，称为该点的磁子午线方向。磁子午线方向可用罗盘仪测定。

3. 轴子午线方向

又称坐标纵轴线方向，就是大地坐标系中纵坐标的方向。在普通测量中一般均采用纵坐标轴方向作为标准方向。

三、方位角与象限角

1. 方位角

从起始方向北端起，顺时针方向量到某一直线的水平角称为该直线的方位角。方位角

的大小从 $0°\sim360°$。

以真子午线北方向作为起始方向的方位角称为真方位角；以磁子午线北方向作为起始方向的方位角称为磁方位角；以坐标纵轴作为起始方向的方位角称为坐标方位角。

α_{AB} 为 A 至 B 的坐标方位角，α_{BA} 为 B 至 A 的坐标方位角。其关系式为：$\alpha_{BA}=\alpha_{AB}\pm180°$。

按直线方向如称 α_{BA} 为正方位角，则 α_{AB} 为其反方位角，反之，如称 α_{AB} 为正方位角，则 α_{BA} 为其反方位角。总之，正、反方位角之间相差 $180°$，如图 2-4-5 所示。

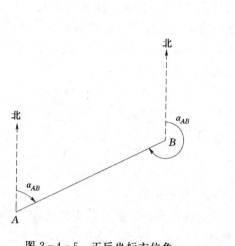

图 2-4-5　正反坐标方位角

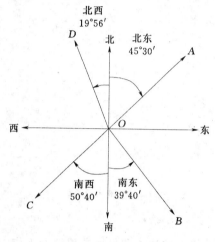

图 2-4-6　象限角

2. 象限角

象限角是从起始方向北端或南端到某一直线的锐角，它的大小从 $0°\sim90°$，如图 2-4-6 所示。

3. 坐标方位角和象限角的换算关系

由定义可以得出，坐标方位角与象限角的换算关系见表 2-4-1。

表 2-4-1　　　　　　　　　　**坐标方位角与象限角的换算关系**

直线定向		由坐标方位角推算象限角	由象限角推算坐标方位角
NE	Ⅰ	$R_1=\alpha_1$	$\alpha_1=R_1$
SE	Ⅱ	$R_1=180°-\alpha_2$	$\alpha_2=180°-R_2$
SW	Ⅲ	$R_3=\alpha_3-180°$	$\alpha_3=180°+R_3$
NW	Ⅳ	$R_4=360°-\alpha_4$	$\alpha_4=360°-R_4$

四、坐标方位角的推算

在实际工作中并不需要测定每条直线的坐标方位角，而是通过与已知坐标方位角的直线连测后，推算出各直线的坐标方位角。公式为

$$\alpha_{前}=\alpha_{后}+\beta_{左}\pm180°$$

$$\alpha_{前}=\alpha_{后}-\beta_{右}\pm180°$$

计算中，如果前两项的和大于 $180°$，则应减去 $180°$；如果前两项的和小于 $180°$，则

应加去 180°。如果 $\alpha_{前}$ 的计算结果大于 360°，则应减去 360°；如果 $\alpha_{后}$ 的计算结果小于 0°，则应加上 360°。

五、坐标正反算

1. 坐标正算

坐标正算就是根据直线的边长、坐标方位角和一个端点的坐标，计算直线另一个端点的坐标的工作。如图 2-4-7 所示，设直线 AB 的边长 D_{AB}、方位角 α_{AB} 和一个端点 A 的坐标 X_A、Y_A 为已知。图中，ΔX_{AB}、ΔY_{AB} 称为坐标增量，也就是直线两端点 A、B 的坐标值之差。根据三角函数，可写出坐标增量的计算公式

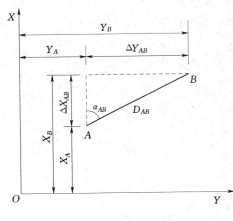

图 2-4-7 坐标正反算

$$\Delta X_{AB} = D_{AB} \cdot \cos\alpha_{AB}$$
$$\Delta Y_{AB} = D_{AB} \cdot \sin\alpha_{AB}$$

则 B 的坐标值为

$$X_B = X_A + \Delta X_{AB}$$
$$Y_B = Y_A + \Delta Y_{AB}$$

2. 坐标反算

坐标反算，就是根据直线的两个端点的坐标，计算直线的边长和坐标方位角的工作。如图 2-4-7 所示，设直线 AB 的两个端点 A 的坐标 X_A、Y_A，B 点的坐标为 X_B、Y_B 已知，坐标增量 ΔX_{AB}、ΔY_{AB} 为

$$\Delta X_{AB} = X_B - X_A$$
$$\Delta Y_{AB} = Y_B - Y_A$$

则直线的边长 D_{AB} 和方位角 α_{AB} 为

$$D_{AB} = \sqrt{\Delta X_{AB}^2 + \Delta Y_{AB}^2}$$

$$\alpha'_{AB} = \arctan\frac{Y_B - Y_A}{X_B - X_A} = \arctan\frac{\Delta Y_{AB}}{\Delta X_{AB}}$$

由于反正切函数的值有负值，而方位角的范围是 0°～360°，因此要根据坐标增量的符号判定方位角所处的象限，对计算值进行调整，规则如下：

(1) 当 $\Delta X_{AB} > 0$、$\Delta Y_{AB} > 0$ 时，α_{AB} 处于第 Ⅰ 象限，所求方位角 $\alpha_{AB} = \alpha'_{AB}$。

(2) 当 $\Delta X_{AB} < 0$、$\Delta Y_{AB} > 0$ 时，α_{AB} 处于第 Ⅱ 象限，所求方位角 $\alpha_{AB} = 180° - \alpha'_{AB}$。

(3) 当 $\Delta X_{AB} < 0$、$\Delta Y_{AB} < 0$ 时，α_{AB} 处于第 Ⅲ 象限，所求方位角 $\alpha_{AB} = 180° + \alpha'_{AB}$。

(4) 当 $\Delta X_{AB} > 0$、$\Delta Y_{AB} < 0$ 时，α_{AB} 处于第 Ⅳ 象限，所求方位角 $\alpha_{AB} = 360° - \alpha'_{AB}$。

学 习 项 目 小 结

(1) 测定地面上两点间的距离是指水平距离。如果地面上两点不在同一水平面上，它们之间的水平距离就是通过这两点的铅垂线投影到水平面的距离。

(2) 用钢尺丈量水平距离的方法分为一般方法和精密方法。量距的一般方法可用目估定向，并进行往返观测，精度一般可达到 1/2000。量距的精密方法要求用经纬仪定向，

使用与钢尺检定时相同的拉力测距离 3 次，测钢尺温度，测两点之间的高差，并经过尺长改正、温度改正和倾斜改正计算。精度可达到 1/10000～1/40000。

（3）直线定向是确定直线与标准方向的夹角关系。标准方向有真子午线、磁子午线和坐标纵轴，以方位角表示直线的方向。在普通测量中，常以坐标纵轴作为直线定向的标准方向。由于各处坐标纵轴相互平行，所以一条直线的正、反坐标方位角相差 180°。在实际工作中，有时用锐角计算比较方便，因而常将坐标方位角换算成象限角。

学习项目五　小区域控制测量

学习单元一　控制测量的概述

控制测量分为平面控制测量和高程控制测量两部分。精确测定控制点平面坐标 (X, Y) 的工作称为平面控制测量，精确测定控制点高程 (H) 的工作称为高程控制测量。

1. 国家平面控制网

根据国家经济建设和国防建设的需要，国家测绘部门在全国范围内采用"分级布网、逐级控制"的原则，建立国家级平面控制网，作为科学研究、地形测量和施工测量的依据，称为国家平面控制网。

建立国家平面控制网的方法有三角测量、精密导线测量和"GPS"测量。

(1) 三角测量。三角测量是在地面上选择若干有控制意义的点称为控制点组成一系列三角形（三角形的顶点称为三角点），观测三角形中的内角，并精密测定起始边（基线）的边长和方位角，应用三角学中正弦定理解算出各个三角形的边长，再根据起始点坐标、起始方位角和各边边长，采用一定的方法推算出各三角点的平面坐标。如图 2-5-1 所示为国家平面控制网的一部分。

国家平面控制网按其精度分为一等、二等、三等、四等 4 个等级，一等精度最高，是国家控制网骨干；二等控制网是在一等控制网上加密的控制测量，是国家控制网的全面基础；三等和四等控制网是在二等控制网的基础上进一步加密建立的，一般作为地形图的测绘和施工控制测量依据。

(2) 精密导线测量。在通视条件困难的地区，采用精密导线测量来代替相应等级的三角测量是非常方便的。特别是近代电磁波测距仪和全站仪的出现，为精密导线测量创造了便利条件。

导线测量是将一系列地面点组成一系列折线形状，在外业上观测各转折角，测定各导线边长后，在内业上根据起始坐标和起始方位角来推算各导线点的平面坐标。精密导线测量也分为四个等级，即一等、二等、三等和四等。

(3) "GPS"测量。"GPS"测量是利用"GPS"接收仪，接收"GPS"全球定位系统卫星信号来确定接收仪位置平面坐标和高程的一种方法。"GPS"测量不受天气、时间和地域的限制，目前已广泛用于各等级的控制测量。但"GPS"测量不能在隐蔽地区和室内进行。

2. 国家高程控制网

国家高程控制网分为一等、二等、三等和四等 4 个等级。一等和二等水准网是国家高程控制的基础，一等和二等水准路线一般沿着铁路、公路进行布设，形成闭合水准网或附合水准网，用精密水准测量方法测定其高程；三等和四等水准测量主要用于一等和二等水准测量的加密，作为地形测量和工程测量的高程控制，布设闭合水准路线和附合水准路线，如图 2-5-2 所示。

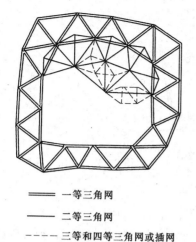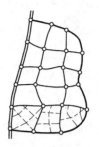

一等三角网

二等三角网

----三等和四等三角网或插网

一等水准线路
二等水准线路
三等水准线路
----四等水准线路

图 2-5-1　国家平面控制网示意图　　图 2-5-2　国家高程控制网示意图

3. 图根平面控制网

直接用于测图而建立的控制网称为图根控制网。工程建设中常常需要大比例尺地形图，为了满足测绘地形图的需要，必须在首级控制网的基础上对控制点进一步加密，控制网可采用导线、小三角、交会法等形式。控制网可以附合于国家高级控制点上，形成统一坐标系统，也可布设成独立控制网，假定一点坐标和测定起始边的方位角推算其他图根控制点的坐标。

由于图根控制测量的特点是范围小，边长较短，精度要求相对较低，因而图根点标志一般采用木桩或埋设简易混凝土标石，即可满足要求。

4. 图根高程控制网

为了满足测图的需要，测定图根点的高程称为图根控制测量，图根高程控制网可以布设为水准网及三角高程网。图根水准测量按五等水准测量方法测定其高程。

学习单元二　导　线　测　量

一、概述

导线测量是平面控制测量的一种常用的方法，主要用于带状地区、隐蔽地区、城建区、地下工程、线路工程等控制测量。所谓导线就是将测区内的相邻控制点连成一系列的折线。构成导线的控制点称为导线点，折线称为导线边。导线测量就是用测量仪器测定各转折角和各导线边长及起始边的方位角，根据已知数据和观测数据计算导线点（即控制点）坐标的工作。导线按其布置形式的不同可分为如下三种。

1. 闭合导线

起止于同一个已知控制点的导线称为闭合导线。如图 2-5-3 所示，从一已知控制点 A 出发，经过一系列导线点 2、3、4、5，最后回到起点 A，形成一个闭合多边形。闭合导线有严密的几何条件，具有检核的作用。

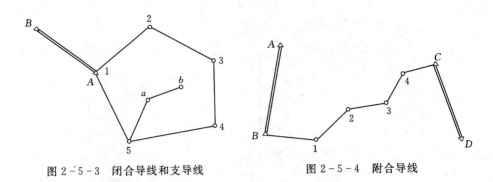

图 2-5-3　闭合导线和支导线　　　　图 2-5-4　附合导线

2. 附合导线

布设在两个已知控制点之间的导线称为附合导线。如图 2-5-4 所示，从已知控制点 B 出发，经过导线点 1、2、3、4，最终附合到另一个已知控制点 C，形成附合导线，附合导线几何条件更加严密，检核条件更多。

3. 支导线

从一已知控制点出发的导线（如图 2-5-3 所示，从 5 引申出的 a 点和 b 点），既不闭合到起始的控制点上，也不附合到另一个已知控制点上，这种导线称为支导线。支导线没有检核条件，有错误也不易发现，故一条支导线一般不能多于 3 个点。

二、导线测量的外业工作

1. 踏勘选点

选点时，应注意下列几点：

（1）相邻导线点间必须通视，便于量距或测距。

（2）点位要选在视野开阔，控制面积大，便于碎部测量的地方。

（3）导线点应分布均匀，具有足够的密度，以便控制整个测区。

（4）导线边长应大致相等，相邻边长不宜相差悬殊。

（5）导线点应选在不易被行人、交通工具触动，土质坚硬，便于安置仪器的地方。为便于使用和保存，临时性导线点可制作木桩作为标志，重要的、长期使用的应埋设水泥桩作为标志，导线桩构造如图 2-5-5 所示。

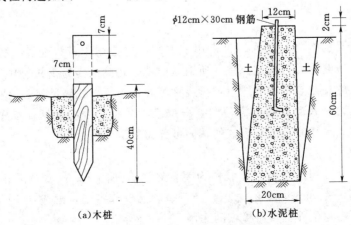

（a）木桩　　　　　　　　（b）水泥桩

图 2-5-5　导线桩

42

2. 转折角测量

导线的转折角用经纬仪按测回法进行观测。转折角有左角和右角之分，在导线前进方向左边的角度称为左角，右边的角度称为右角。

3. 边长测量

往返丈量的相对中误差一般不得超过 1/2000，在特殊困难地区也不得超过 1/1000。

4. 起始边定向

导线定向的目的是使导线点的坐标纳入国家坐标系或该地区的统一坐标系中，当导线与测区已有控制点连接时，必须测出连接角，即导线边与已知边发生联系的角，如图 2-5-6（b）所示的 β' 和 β''。对于独立导线，需用罗盘仪测定起始方位角，如图 2-5-6（a）和图 2-5-7 所示的 α_{12} 和 α_{AB}。

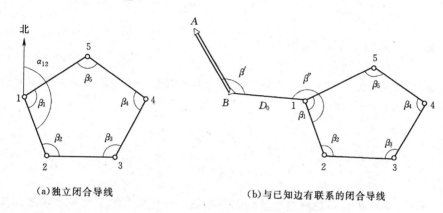

（a）独立闭合导线　　　　　　　（b）与已知边有联系的闭合导线

图 2-5-6　闭合导线的起始边定向

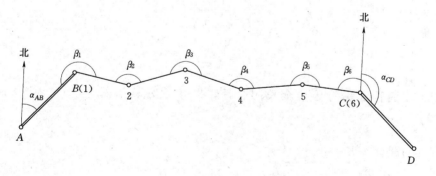

图 2-5-7　附合导线的起始边定向

三、导线测量的内业工作

1. 闭合导线内业计算

已知 A 点的坐标 $X_A = 450.000$m，$Y_A = 450.000$m，导线各边长，各内角和起始边 AB 的方位角 α_{AB} 如图 2-5-8 所示，试计算 B、C、D、E 各点的坐标。

（1）角度闭合差的计算和调整。闭合导线的内角和在理论上应满足下列条件：

$$\sum \beta_{理} = (n-2) \times 180°$$

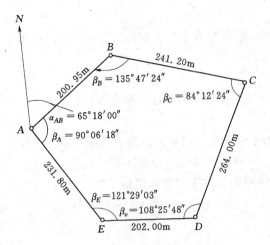

图 2-5-8 闭合导线算例草图

角度闭合差 $f_\beta = \sum\beta_{理} - (n-2)\times 180°$。

角度的改正数 $\Delta\beta$ 为： $\Delta\beta = -\dfrac{1}{n}f_\beta$。

(2) 导线边方位角的推算。

BC 边的方位角 $\alpha_{BC} = \alpha_{AB} + 180° - \beta_B$

CD 边的方位角 $\alpha_{CD} = \alpha_{BC} + 180° - \beta_C$

⋮

AB 边的方位角 $\alpha_{AB} = \alpha_{EA} + 180° - \beta_A - 360°$（校核）

(3) 坐标增量计算。设 D_{12} 和 α_{12} 为已知，则 12 边的坐标增量为：

$$\left.\begin{array}{l}\Delta X_{12} = D_{12}\cos\alpha_{12}\\[4pt]\Delta Y_{12} = D_{12}\sin\alpha_{12}\end{array}\right\}$$

(4) 坐标增量闭合差的计算与调整。因为闭合导线是一闭合多边形，其坐标增量的代数和在理论上应等于零，即：

$$\left.\begin{array}{l}\sum\Delta X_{理} = 0\\[4pt]\sum\Delta Y_{理} = 0\end{array}\right\}$$

但由于测定导线边长和观测内角过程中存在误差，所以实际上坐标增量之和往往不等于零而产生一个差值，这个差值称为坐标增量闭合差。分别用 f_X 和 f_Y 表示：

$$\left.\begin{array}{l}f_X = \sum\Delta X\\[4pt]f_Y = \sum\Delta Y\end{array}\right\}$$

缺口 AA' 的长度称为导线全长闭合差，以 f 表示。如图 2-5-9 所示可知： $f = \sqrt{f_X^2 + f_Y^2}$。

导线相对闭合差 $K = \dfrac{f}{\sum d} = \dfrac{1}{\dfrac{\sum d}{f}}$。

对于量距导线和测距导线，其导线全长相对闭合差一般不应大于 1/2000。

调整的方法是：将坐标增量闭合差的符号相反，按与边长成正比分配到各条边的坐标增量中，公式为：

$$\Delta X_i \text{ 的改正数} = \frac{d_i}{\sum d}(-f_X)$$

$$\Delta X_i \text{ 的改正数} = \frac{d_i}{\sum d}(-f_Y)$$

44

（5）导线点的坐标计算。根据导线起算点 A 的已知坐标及改正后的纵、横坐标增量，可按下式计算 B 点的坐标：

$$X_B = X_A + \Delta X'_{AB} \atop Y_B = Y_A + \Delta Y'_{AB} \Big\}$$

起始点 A 的坐标已知，则 B 点的坐标为：

$$X_B = X_A + \Delta X_{AB} = 450.00 + 84.02 = 534.02$$

$$Y_B = Y_A + \Delta Y_{AB} = 450.00 + 182.56 = 632.56$$

C、D、E 点坐标依次类推进行计算。

计算见表 2-5-1。

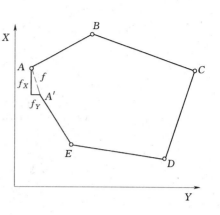

图 2-5-9　闭合导线全长闭合差

表 2-5-1　　　　　　　　　　　　闭合导线坐标计算表

测站	角度观测值/ (° ′ ″)	改正数/ (″)	改正后角值/ (° ′ ″)	方位角 α/ (° ′ ″)	边长 d /m	坐标增量计算值 （改正数）/m		改正数后坐标增量 /m		坐标值 /m	
						$\Delta X'$	$\Delta Y'$	ΔX	ΔY	X	Y
1	2	3	4	5	6	7		8		9	
A				65 18 00	200.95	+83.97 （+0.05）	+182.56 （-0.00）	+84.02	+182.56	450.00	450.00
B	135 47 24	-12	135 47 12	109 30 48	241.20	-80.57 （+0.06）	+227.55 （-0.01）	-80.51	+227.34	534.02	632.56
C	84 12 24	-11	84 12 13	205 18 35	264.00	-238.66 （+0.07）	-112.86 （-0.01）	-238.59	-112.87	453.51	859.90
D	108 25 48	-11	108 25 37	276 52 58	202.00	+24.21 （+0.05）	-200.54 （-0.00）	+24.26	-220.54	214.92	747.03
E	121 29 03	-11	121 28 52	335 24 06	231.80	+210.76 （+0.06）	-96.49 （-0.00）	+210.82	-96.49	239.18	546.49
A	90 06 18	-12	90 06 06							450.00	450.00
计算				$\sum d = 1139.95\text{m}$ $f_\beta = +57''$ $f_{\beta X} = \pm 60''\sqrt{5} = \pm 134''$		$\sum \Delta X = 0$ $f_X = -0.29\text{m}$ $f = \sqrt{f_X^2 + f_Y^2} = 0.29\text{m}$		$\sum \Delta Y = 0$ $f_Y = +0.02\text{m}$ $K = \dfrac{f}{\sum d} = \dfrac{1}{3921} < \dfrac{1}{2000}$			

2. 附合导线的内业计算

已知 A 点的坐标 $X_A = 640.90\text{m}$，$Y_A = 1068.74\text{m}$，E 点的坐标 $X_E = 524.82$，$Y_E = 1597.43$，导线各边长、各内角和起始边 BA 的方位角 α_{BA} 如图 2-5-10 所示，试计算 P_1、P_2、P_3、E、F 各点的坐标。

附合导线内业计算步骤与闭合导线相同，但由于附合导线与闭合导线的几何图形不同，满足的几何条件也就不同，下面着重介绍不同之处。

（1）角度闭合差的计算和调整。

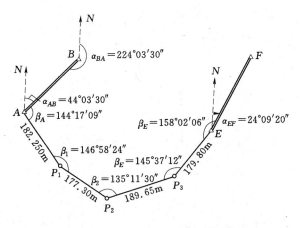

图 2-5-10　附合导线算例草图

由起始边 BA 方位角 α_{BA} 通过各转角 β，可推算出各边方位角直至终边方位角 α'_{EF}（测量值）。

$$
\left.\begin{array}{l}
\alpha_{AP_1} = \alpha_{BA} + \beta_A - 180° \\[2mm]
\alpha_{P_1P_2} = \alpha_{AP_1} + \beta_1 - 180° \\[2mm]
\alpha_{P_2P_3} = \alpha_{P_1P_2} + \beta_2 - 180° \\[2mm]
\vdots \\[2mm]
\alpha'_{EF} = \alpha_{EF} + \beta_E - 180°
\end{array}\right\}
$$

$$
\alpha'_{EF} = \alpha_{BA} + \sum\beta - n \times 180°
$$

推算出的 α'_{EF}（测量值）去掉若干个 360°，使之在 360°以内，因角度观测有误差，α'_{EF} 与已知值 α_{EF} 不相等，从而产生角度闭合差 f_β：

$$
f_\beta = \alpha_{BA} + \sum\beta - n \times 180° - \alpha_{EF}
$$

（2）坐标增量闭合差的计算。

由于 A、E 的坐标为已知，所以从 A 到 E 的坐标增量也就已知，即：

$$
\sum\Delta X_{理} = X_E - X_A
$$

$$
\sum\Delta Y_{理} = Y_E - Y_A
$$

通过附合导线测量也可以求得 A、E 间的坐标增量，用 $\sum\Delta X$ 和 $\sum\Delta Y$ 表示由于测量误差而存在的坐标增量闭合差：

$$
\left.\begin{array}{l}
f_X = \sum\Delta X - (X_E - X_A) \\[2mm]
f_Y = \sum\Delta Y - (Y_E - Y_A)
\end{array}\right\}
$$

计算见表 2-5-2。

表 2 - 5 - 2 附合导线坐标计算表

测站	角度观测值 /(° ′ ″)	改正数/ (″)	改正后角值 /(° ′ ″)	方位角 α /(° ′ ″)	边长 d /m	坐标增量计算值（改正数）/m		改正数后坐标增量 /m		坐标值 /m	
						$\Delta X'$	$\Delta Y'$	ΔX	ΔY	X	Y
1	2	3	4	5	6	7		8		9	
B				224 03 30							
A	114 17 09	−06	114 17 03							640.00	1068.74
				158 20 33	182.25	−169.38 (−0.03)	+67.26 (+0.03)	−169.41	+67.29		
P_1	146 58 24	−07	146 58 17							471.49	1136.03
				125 18 50	177.30	−102.49 (−0.03)	+144.68 (+0.02)	102.52	+144.70		
P_2	135 11 30	−06	135 11 24							368.97	1280.73
				80 30 14	189.65	+31.29 (−0.03)	+187.05 (+0.03)	+31.26	+187.08		
P_3	145 37 12	−06	145 37 06							400.23	1467.81
				46 07 20	179.80	+124.62 (−0.03)	+129.60 (+0.02)	+124.59	+129.62		
E	158 02 06	−06	158 02 00							524.82	1597.43
F				24 09 20							
计算	$f_\beta = +31''$ 　　$\sum d = 728.90\text{m}$ 　　$f_X = +0.12\text{m}$ 　　$f_Y = -0.10\text{m}$ $f_{\beta x} = \pm 60''\sqrt{5} = \pm 134''$ 　　$f = \sqrt{f_X^2 + f_Y^2} = 0.16\text{m}$ 　　$K = \dfrac{f}{\sum d} = \dfrac{1}{4556} < \dfrac{1}{2000}$										

学习单元三　高程控制测量

在工程测量中，小区域内首级高程控制常采用三等和四等水准测量。

一、三等和四等水准点的选点及布设

三等和四等水准路线可采用闭合、附合水准路线。附合水准路线总长应不超过 80km，闭合水准路线总长应不超过 100km。在水准路线上，每隔 4km 左右应埋设一个水准点，需长期保存的水准点应采用如图 2 - 5 - 11 所示的混凝土标石。

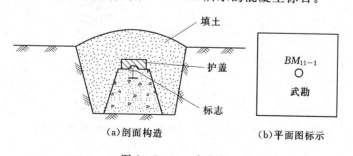

（a）剖面构造　　　　　　（b）平面图标示

图 2 - 5 - 11　水准点

二、三等和四等水准测量使用的仪器

三等和四等水准测量按规定应用 DS$_3$ 型水准仪和双面水准尺。水准尺一般为红、黑两面水准尺，在观测中不但可以检查错误，而且可以提高精度。一对双面尺的黑面起始读数均为零，而红面起始读数，通常一把为 4.687m；另一把为 4.787m。

三、三等和四等水准测量施测方法及有关规定

1. 一个测站上的观测顺序

(1) 瞄准后视尺黑面，读取下丝、上丝、中丝读数。

(2) 瞄准后视尺红面，读取中丝读数。

(3) 瞄准前视尺黑面，读取下丝、上丝、中丝读数。

(4) 瞄准前视尺红面，令气泡重新准确符合，读取中丝读数。

以上四等水准，每站观测顺序简称为后（黑）→后（红）→前（黑）→前（红）。对于三等水准测量，应按后（黑）→前（黑）→前（红）→后（红）的顺序进行观测。

2. 测站上的计算及校核（算例见表2-5-3"四等水准测量记录表"）

(1) 视距部分。

后距＝[(1)项－(2)项]×100，记入第（9）项。

前距＝[(5)项－(6)项]×100，记入第（10）项。

后、前距差 d＝(9)项－(10)项，记入第（11）项。

后、前距差累积值 $\sum d$＝本站(11)+前站(12)，记入第（12）项。

表 2-5-3　　　　　　　　　　四等水准测量记录表

测站编号	点号	后尺下丝 后尺上丝 后距 后前距差 d	前尺下丝 前尺上丝 前距 累计差 ∑d	方向及尺号	水准尺读数		K+黑一红	高差中数	高程
					黑面	红面			
		(1)	(5)	后	(3)	(4)	(13)	(18)	
		(2)	(6)	前	(7)	(8)	(14)		
		(9)	(10)	后一前	(15)	(16)	(17)		
		(11)	(12)						
1	BM₁ TP₁	1.571 1.197 37.4 −1.2	0.744 0.358 38.6 −1.2	后 47 前 46 后一前	1.384 0.551 +0.833	6.171 5.239 +0.932	0 −1 +1	+0.8325	43.578
2	TP₁ TP₂	2.121 1.747 37.4 −1.1	2.201 1.816 38.5 −2.3	后 46 前 47 后一前	1.934 2.008 −0.074	6.921 6.796 −0.175	0 −1 +1	−0.0745	
3	TP₂ TP₃	1.919 1.534 38.5 +0.8	2.053 1.676 37.7 −1.5	后 47 前 46 后一前	1.726 1.866 −0.140	6.515 6.554 −0.041	0 −1 +2	−0.1405	
4	TP₃ TP₄	1.955 1.700 26.5 −0.2	2.141 1.874 26.7 −1.7	后 46 前 47 后一前	1.832 2.007 −0.175	6.519 6.793 −0.274	0 +1 −1	−0.1745	

（2）高差部分。四等水准测量采用双面水准尺，因此应根据红、黑面读数进行下列校核计算：

1）理论上讲，同一把水准尺的黑面读数＋K值－红面读数应为零。即：

$$后视尺(3)项＋K－(4)项＝(13)项$$
$$前视尺(7)项＋K－(8)项＝(14)项$$

其中K为水准尺红、黑面起始读数的差值，系一常数值。在本例中 47 号尺的K＝4.787m；46 号尺的K＝4.687m。由于测量有误差，（13）项和（14）项往往不为零，但其不符值不得超过±3mm（三等水准不得超过±2mm）。

2）理论上讲，用黑面尺测得的高差与用红面尺测得的高差应相等。

$$(3)项－(7)项＝(15)项（黑面尺高差）$$
$$(4)项－(8)项＝(16)项（红面尺高差）$$

因为两把尺的红面起始读数各为 4.787m 和 4.687m，两者相差 0.1m，所以理论上在（16）项上加或减去 0.1m 之后与（15）项之差应为零，但由于测量有误差，往往不为零，其不符值不得超过±5mm（三等水准不得超过±3mm），并记入第（17）项。

$$(17)项＝(15)项－[(16)项±0.1m]$$

表中第（17）项除了检查用黑、红面测得的高差是否合乎要求外，同时也用作检查计算是否有误，这是因为：

$$(17)项＝(15)项－[(16)项±0.1m]＝(13)项－(14)项$$

当以上计算合格后，再按下式计算出高差中数：

$$高差中数(18)项＝\frac{1}{2}\left[(15)项＋(16)项±0.1m\right]$$

四、三等和四等水准测量的成果整理

当一条水准路线的测量工作完成后，首先应将手簿的记录计算进行详细的检查，并计算高差闭合差是否超过如下容许误差：

$$平地\ \Delta h_容＝±20\sqrt{L}(mm)（四等）；\Delta h_容＝±12\sqrt{L}(mm)（三等）$$
$$山地\ \Delta h_容＝±6\sqrt{n}(mm)（四等）；\Delta h_容＝±4\sqrt{n}(mm)（三等）$$

式中：L为路线长度，以 km 计；n为测站数。

学 习 项 目 小 结

（1）控制测量包括平面控制测量和高程控制。小地区的平面控制测量包括导线测量和小三角测量，随着测距仪和全站仪的普及，导线测量成为平面控制测量的主要形式。高程控制测量包括一等、二等、三等和四等水准测量，小地区的高程控制测量一般应用三等和四等水准测量。

（2）导线测量是平面控制测量的一种形式，它是用连续的折线把各控制点连接起来，测其边长和转角，以确定各控制点坐标的一种方法。依其布置形式不同，分为闭合导线、附合导线和支导线；依其测定边长的不同，分为钢尺量距导线、电磁波测距导线和经纬仪视距导线。

（3）导线测量的外业工作包括：①踏勘选点；②边长测定——采用钢尺量距、电磁波测距或视距测量的方法测定导线各边的边长；③角度观测——采用测回法测出导线的转折角；④方位角测定——测出起始边与高级控制点的连接角或磁方位角。

（4）导线测量的内业计算，闭合导线和附合导线稍有不同，其计算步骤如下：

1）角度闭合差的计算与调整。闭合导线内角和在理论上应等于 $(n-2) \times 180°$，附合导线推算的最后一边的方位角应等于该边的已知方位角。若其观测值与理论值不符，其不符值即为角度闭合差。如果在容许范围内，则将角度闭合差以相反的符号平均分配到各转折角上。

2）根据已知边方位角和改正后的转折角推算各边方位角。在计算方位角时根据具体情况分别应用左角公式或右角公式：$\alpha_{前} = \alpha_{后} + 180° - \beta_{右}$，$\alpha_{前} = \alpha_{后} - 180° + \beta_{左}$。

3）根据各导线边的边长和方位角计算各导线点间的坐标增量。对于闭合导线，在理论上其坐标增量之和应等于零，对于附合导线，理论上其坐标增量应等于终点坐标减起点坐标。如果不相等，坐标增量之和与理论值的差即为坐标增量闭合差。如果在限差范围内，则将其以相反的符号按边长成正比分配到各坐标增量中去。

4）根据起算点的已知坐标和改正后的坐标增量推算各导线点的坐标。

（5）四等水准测量一个测站上的观测程序是：后（黑）→后（红）→前（黑）→前（红）。对于三等水准测量，应按后（黑）→前（黑）→前（红）→后（红）的顺序进行观测。在观测时，在视距和高差方面都不能超限。计算合格后才能进行下一测站的工作。

（6）全部水准测量工作结束后，应检验整个线路的测量成果是否符合要求。

学习项目六 施 工 测 量

学习单元一 施 工 测 量 概 述

勘测设计阶段的测量工作主要是测绘各种比例尺的地形图，为设计人员提供必要的地形资料。施工阶段的测量工作则是按照设计人员的意图，将建筑物的平面位置和高程测设到地面上，作为施工的依据，并在施工过程中，指导各工序间的衔接，监测施工质量。

施工测量应遵循"从整体到局部"的原则和"先控制后细部"的工作程序。

施工放样的精度较地形测图要高，且与建筑物的等级、大小、结构形式、建筑材料和施工方法等有关。施工测量贯穿于施工的全过程。

学习单元二 施工放样的基本测量工作

一、已知直线长度的放样

由精密量距公式 $L=L'+\Delta L+\Delta L_t+\Delta L_k$

推得放样距离公式 $L'=L-\Delta L-\Delta L_t-\Delta L_k$。

例：某厂房主轴线 AB 的设计长度为24m，欲从地面上相应的 A 点出发，沿 AC 方向放样出 B 点的位置。设所用的 30m 钢尺，在检定时温度为

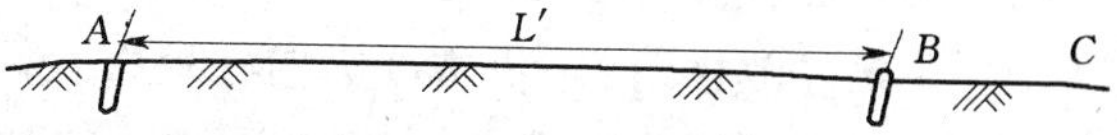

图 2-6-1 已知直线长度的放样

20℃，拉力 10kg 时的实长为 30.005m，放样时的温度 $t=12℃$，概略量距后测定两端点的高差 $h=+0.4$m，如图 2-6-1 所示，求放样时的地面实量长度 L'。

1. 各项改正数的计算

$$\Delta L=L\times\frac{l-l_0}{l_0}=24\times\frac{30.005-30}{30}=+0.004(\text{m})$$

$$\begin{aligned}\Delta L_t&=L\times\alpha\times(t-t_0)\\&=24\times0.000012\times(12-20)\\&=-0.002(\text{m})\end{aligned}$$

$$\Delta L_k=-\frac{h_2}{2L}=-\frac{0.4^2}{2\times24}=-0.003(\text{m})$$

2. 放样长度的计算

$$\begin{aligned}L'&=L-\Delta L-\Delta L_t-\Delta L_k\\&=24-0.004+0.002+0.003\\&=24.001(\text{m})\end{aligned}$$

放样时，从 A 点开始沿 AC 方向实量 24.001m 得 B 点，则 AB 即为所求直线的长度。

二、已知角度的放样

1. 一般方法（图 2-6-2）

（1）将经纬仪安置于 O 点，盘左度盘读数为零瞄准 A 点。

（2）松开照准部制动螺旋，转动照准部，使度盘读数为 α 时，沿视线方向在地面上定出点 B'。

（3）倒转望远镜，以同样的方法用盘右测设一角值 α，沿视线方向在地面上定出另一点 B''。

（4）取 B' 和 B'' 的中点 B 为放样方向，即 $\angle AOB$ 为要测设的 α 角。

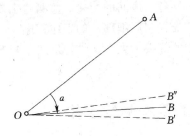

图 2-6-2 已知角度放样的
一般方法

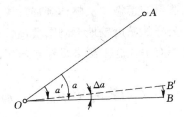

图 2-6-3 已知角度放样的
精确方法

2. 精确方法（图 2-6-3）

（1）将经纬仪安置于 O 点。

（2）用盘左放样角 α，沿视线方向在地面上标定出 B' 点。

（3）然后用测回法观测 $\angle AOB'$ 若干测回，取其平均角值为 α'。

（4）与设计角之差为 $\Delta\alpha$；为了得到正确的方向 OB，先根据丈量的 OB' 长度和 $\Delta\alpha$ 值计算垂直距离 $B'B$，即 $B'B = OB'\tan\Delta\alpha \approx OB'\dfrac{\Delta\alpha''}{\rho''}$。

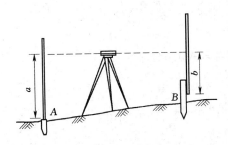

图 2-6-4 已知高程的放样

（5）过 B' 点做 OB' 的垂线，再从 B' 点沿垂线方向，向外（$\Delta\alpha$ 为负时）或向内（$\Delta\alpha$ 为正时）量取 $B'B$ 定出 B 点，$\angle AOB$ 即为欲测设的 α 角。

三、已知高程的放样

1. 地面点的高程放样（图 2-6-4）

A 为已知水准点，其高程为 H_A，B 为欲标定高程的点，其设计高程为 H_B。现将 B 点的设计高程 H_B 测设于地面。

（1）在 A、B 两点间安置水准仪。

（2）在 A 点立尺，读取后视读数 a，计算 B 点水准尺上应有的读数 b 为：$b = H_A + a - H_B$。

（3）在 B 点上立尺，使尺紧贴木桩上下移动，直至尺上读数为 b 时，紧贴尺底在木桩上划一红线，此线就是欲放样的设计高程 H_B。

2.高程的传递（图 2-6-5）

A 为地面水准点，其高程已知，现欲测定基槽内水准点 B 的高程。

（1）在基槽边埋一吊杆，从杆端悬挂一钢尺（零端在下），尺端吊一重锤。

（2）在地面上和基槽内各安置一架水准仪，分别在 A、B 两点竖立水准尺，由两架水准仪同时读取水准尺和钢尺上的读数 a_1、b_1、a_2、b_2。

（3）计算 B 点的高程为：$H_B = H_A + a_1 - b_1 + a_2 - b_2$。

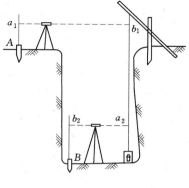

图 2-6-5　高程的传递

（4）为了保证引测 B 点高程的正确，应改变悬挂钢尺的位置，按上述方法重测一次，两次测得的高程较差不得大于 3mm。

学习单元三　点的平面位置放样

一、直角坐标法

适用条件：在施工场地预先布设了建筑基线、建筑方格网或矩形控制网。

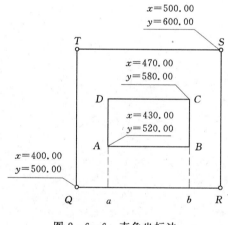

图 2-6-6　直角坐标法

如图 2-6-6 所示，$QRST$ 是建筑场地上已有的矩形控制网。$ABCD$ 是需放样的建筑物，它们的坐标分别注于图中。

（1）放样时，将经纬仪安置于控制点 Q 上，瞄准 R 点，沿此方向线从 Q 量 20m 定出 a 点。

（2）由 a 点向前接量 60m 定出 b 点。

（3）搬仪器至 a 点，使度盘读数为零。瞄准 R 点，望远镜向左转 90°，沿视线方向从 a 点量 30m 得 A 点，再从 A 点向前量 40m 得 D 点。

（4）把仪器搬至 b 点，使度盘读数为零。瞄准 Q 点，将望远镜向右转 90°，在此视线方向上从 b 点量 30m 得 B 点，再从 B 点向前量 40m 得 C 点。

（5）检查建筑物的角点 D 和 C 是否为 90°，边长 AB 和 CD 是否为 60m，误差应在允许范围之内。

二、极坐标法

适用条件：极坐标法适用较广，特别是使用电磁波测距时，更加方便、快捷。

放样原理：由一个角度和一段距离测设点的平面位置的一种方法。

数据计算：如图 2-6-7 所示，A、B 为控制点，其坐标已知，P 为欲放样点，其坐标可由设计图上求得。欲将 P 点测设于地面，首先应由坐标反算公式求得放样

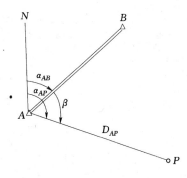

数据 β 和 D_{AP}。

$$\left.\begin{array}{l} \alpha_{AB} = \arctan \dfrac{y_B - y_A}{x_B - x_A} = \arctan \dfrac{\Delta y_{AB}}{\Delta x_{AB}} \\[3mm] \alpha_{AP} = \arctan \dfrac{y_P - y_A}{x_P - x_A} = \arctan \dfrac{\Delta y_{AP}}{\Delta x_{AP}} \end{array}\right\}$$

则

$$\beta = \alpha_{AP} - \alpha_{AB}$$
$$D_{AP} = \sqrt{\Delta x_{AP}^2 + \Delta y_{AP}^2}$$

图 2-6-7 极坐标法放样

放样方法：先按角度放样法放样出方向，然后按距离放样法放样出距离。

三、角度交会法

适用条件： 在没有测距仪时，应用角度交会法可以放样不便于钢尺量距的点。

放样原理： 角度交会法是根据测设角度的方向线交会得出点的平面位置的一种方法。

数据计算： 如图 2-6-8 所示，A、B、C 为 3 个控制点，其坐标已知，P 为待放样点，其坐标为设计所给。采用角度交会法欲定出 P 点的实地位置，首先要计算放样数据 β_1、β_3、β_4，即

$$\left.\begin{array}{l} \beta_1 = \alpha_{AB} - \alpha_{AP} \\ \beta_3 = \alpha_{BC} - \alpha_{BP} \\ \beta_4 = \alpha_{CP} - \alpha_{CB} \end{array}\right\}$$

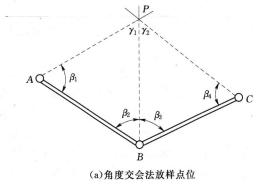
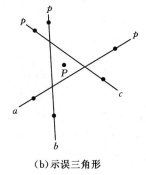

(a)角度交会法放样点位   (b)示误三角形

图 2-6-8 角度交会法放样

放样方法：将经纬仪分别安置于 A、B、C 3 个控制点上，先用盘左测设角 β_1、β_2、β_3，交会出 P 点的大致位置，在此位置上打一个大木桩，然后在桩顶平面上按角度放样的一般方法画出 AP、BP、CP 的方向线 ap、bp、cp，由于测设误差的存在，3 个方向往往不交于一点，而形成一个错误三角形（称为示误三角形）。示误三角形的最长边一般不得超过 4cm，如在允许范围内，则取三角形内切圆圆心作为 P 点的点位。

四、距离交会法

适用条件： 距离较短（不超过一个尺段），地面较平坦时。

放样原理： 以两个已知点为圆心，以各自所要测设的距离画圆弧，圆弧交点即为所

测点。

数据计算：用坐标正算计算放样点距已知点的距离。

放样方法：如图2-6-9所示，用钢尺分别以A、B为圆心，以S_1、S_2为半径在地面上画弧，其交点即为P_1点的位置；同样以C、D为圆心，以S_3、S_4为半径交出P_2点的位置。最后，量取P_1P_2的实地长度，并与设计长度相比较，其误差应在允许范围以内，以检核放样精度。

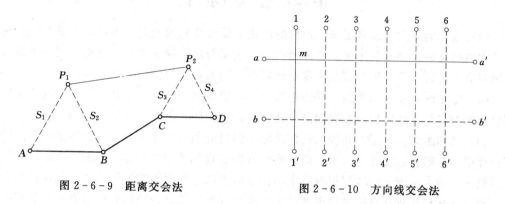

图2-6-9　距离交会法　　　　　　图2-6-10　方向线交会法

五、方向线交会法

适用条件：在工业厂房柱列轴线的测设及桩基施工测量等细部放样中。

放样原理：利用两条视线交会定点。

放样方法：如图2-6-10所示，某厂房内设计有两排柱子，每排6根，共计12根。为了将这12根柱子的中心测设于地面上，事先可按照其间距在施工范围以外埋设距离控制桩1—1′、2—2′、……、6—6′和a—a'、b—b'，然后利用方向线即可交会出柱子的中心位置。

学习单元四　直线坡度的放样

A为已知点，其高程为H_A，要求沿AB方向测设一条坡度为1‰的直线，施测步骤如图2-6-11所示。

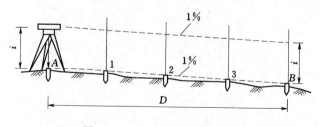

图2-6-11　直线坡度的放样

（1）根据A、B两点间的水平距离D及设计坡度，计算B点的设计桩顶高程：$H_B = H_A - D \times 1‰$。

（2）按照高程放样的方法，放样出B点的设计高程。

（3）将水准仪（或经纬仪）安置于 A 点，使一个脚螺旋位于 AB 方向上，另外两个脚螺旋连线垂直于 AB 方向，量取仪器高 i。

（4）用水准仪望远镜照准 B 点处的水准尺，转动微倾螺旋或在 AB 方向上的一个脚螺旋，使视线在水准尺上的读数为仪器高 i，然后分别在中间点 1、2、3 上打入木桩，使这些桩上的水准尺读数都等于仪器高 i，则各桩顶的连线即表示坡度为 1% 的直线。

学 习 项 目 小 结

（1）施工测量主要是将图纸上设计好的建筑物放样到地面上。所以，它是与地形测图程序大体相反的一种测量工作；它的精度要求主要与建筑物的大小、结构形式、建筑材料等因素有关，其工作过程与施工进度密切联系，因而必须与施工密切配合。

（2）施工测量和地形测图一样必须遵守"由整体到局部"的原则，即先布置施工控制网进行控制测量，然后根据控制网测设建筑物的主轴线，再进行建筑物的细部放样。

（3）已知距离、角度、高程的放样是施工测量的基本工作。在已知直线水平距离的精密放样中，一般要进行各项改正，即现场放样的长度为 $L'=L-\Delta L-\Delta L_t-\Delta L_k$；已知角度的放样，通常采用正倒镜测设取其平均位置的方法；采用水准测量的方法放样已知高程点，根据已知点和放样点的高程以及已知点水准尺的读数求出放样点处水准尺应具有的读数，然后再进行放样。

（4）点的平面位置的放样方法有：直角坐标法、极坐标法、角度交会法、距离交会法和方向线交会法。采用极坐标法和角度交会法时要进行放样角或交会角的计算，一般根据控制点和待定点的坐标反算方位角，然后再算出应放样的水平角。

第三部分 实训项目

实训项目一 微倾式水准仪的认识与使用

高程是确定地面点位的主要参数之一。水准测量是高程测量的主要方法之一，水准仪是水准测量所使用的仪器。本实训任务通过对微倾式水准仪的认识和使用，使同学们熟悉水准测量的常规仪器、附件、工具，正确掌握水准仪的操作。

一、实训性质
验证性实训，实训时数安排为2学时。

二、目的和要求
（1）了解微倾式水准仪及自动安平水准仪的基本构造和性能，以及各螺旋名称及作用，掌握使用方法。
（2）了解脚架的构造、作用，熟悉水准尺的刻划、标注规律及尺垫的作用。
（3）练习水准仪的安置、瞄准、精平、读数、记录和计算高差的方法。

三、仪器和工具
（1）每组微倾式水准仪1台、三脚架1个、水准尺2根、尺垫2个、记录纸若干。
（2）自备：2H铅笔、草稿纸。

四、实训步骤
（1）仪器介绍。指导教师现场通过演示讲解水准仪的构造、安置及使用方法；水准尺的刻划、标注规律及读数方法。
（2）选择场地架设仪器。从仪器箱中取水准仪时，注意仪器装箱位置，以便用后装箱。
（3）认识仪器。对照实物正确说出仪器的组成部分、各螺旋的名称及作用。
（4）粗略整平。先用双手按相对（或相反）方向旋转一对脚螺旋，观察圆水准器气泡移动方向与左手拇指运动方向之间的运行规律，再用左手旋转第3个脚螺旋，经过反复调整使圆水准器气泡居中。
（5）瞄准。先将望远镜对准明亮背景，旋转目镜调焦螺旋，使十字丝清晰；再用望远镜瞄准器照准竖立于测点的水准尺，旋转对光螺旋进行对光；最后旋转微动螺旋，使十字丝的竖丝位于水准尺中线位置上或尺边线上，完成对光，并消除视差。
（6）精确整平。旋转微倾螺旋，从符合式气泡观测窗观察气泡的移动，使两端气泡吻合。

（7）读数。用十字丝中丝读取米、分米、厘米、估读出毫米位数字，并用铅笔记录。

如图 3-1-1（a）所示，十字丝中丝的读数为 0907mm，或 0.907m。十字丝下丝的读数为 0989mm（或 0.989m），十字丝上丝的读数为 0825mm（或 0.825m）。

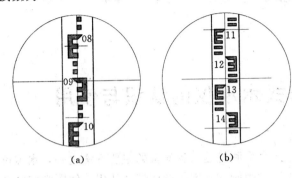

（a）　　　　　（b）

图 3-1-1　观测水准尺读数

（8）计算。读取立于两个或更多测点上的水准尺读数，计算不同点间的高差。

（9）练习用视距丝读取视距的方法。十字丝的上下两根短丝为视距丝。视距丝在标尺上所截取的长度为视距间隔 1，视距间隔 1 乘以 100 为仪器至标尺的视距。

如图 3-1-1（a）所示，十字丝上丝读数为 0.825m，下丝读数为 0.989m，则视距间隔为

$$0.989-0.825=0.174(m)$$

仪器至标尺的距离等于

$$0.174\times100=17.4(m)$$

微倾式水准仪视距快速读取法：如图 3-1-1（b）所示使十字丝的上丝与水准尺的一个整分米分划重合，下丝所在的分米注记减去上丝所在的整分米注记即为仪器至水准尺距离的整十米数，不足十米部分在下丝所在的分米区域中读取，在水准尺上估读到毫米，即视距准确到 0.1m。

视距 =（下丝所在的分米注记－上丝所在的分米注记）×10＋下丝所在分米刻划的厘米分划数（米位）＋估读数（分米位）=（14－11）×10＋5.2=35.2（m）。

五、注意事项

（1）三脚架应支在平坦、坚固的地面上，架设高度应适中，架头应大致水平，架腿制动螺旋应紧固，整个三脚架应稳定。

（2）安放仪器时应将仪器连接螺旋旋紧，防止仪器脱落。

（3）各螺旋的旋转应稳、轻、慢，禁止用蛮力，螺旋旋转部分最好使用其中间部位。

（4）瞄准目标时必须注意消除误差，应习惯先用瞄准器寻找和瞄准。

（5）立尺时，应站在水准尺后，双手扶尺，以使尺身保持竖直。

（6）读数时不要忘记精确整平。

（7）做到边观测、边记录、边计算。记录应使用铅笔。

（8）避免把水准尺靠在墙上或电杆上，以免摔坏；禁止用水准尺抬物，禁止坐在水准尺及仪器箱上。

（9）发现异常问题应及时向指导教师汇报，不得自行处理。

六、上交资料

实训结束后将测量实训报告以小组为单位装订成册上交。

实训项目一 测量实训报告

姓名_____ 学号_____ 班级_____ 指导教师_____ 日期_____

〔实训名称〕

〔目的与要求〕

〔仪器和工具〕

〔主要步骤〕

〔各部件名称及作用〕

部 件 名 称	功 能
准星和照门	
目镜调焦螺旋	
物镜对光螺旋	
制动螺旋	
微动螺旋	
脚螺旋	
圆水准器	
管水准器	

〔观测记录〕

水 准 仪 观 测 记 录

序号	后视读数	前视读数	高差	备 注
1				
2				
3				仪器号_____
4				
5				
6				

〔体会及建议〕

〔教师评语〕

实训项目二 自动安平水准仪的认识与使用

本实训通过对微倾水准仪及自动安平水准仪的认识和使用，使同学们熟悉自动安平水准仪，并正确掌握用自动安平水准仪进行高差测量。

一、实训性质
验证性实训，实训时数安排为 2 学时。

二、目的和要求
（1）了解自动安平水准仪的基本构造和性能，以及各螺旋名称及作用，掌握使用方法。

（2）了解脚架的构造、作用，熟悉水准尺的刻划、标注规律及尺垫的作用。

（3）练习自动安平水准仪的安置、瞄准、读数、记录和计算高差的方法。

三、仪器和工具
（1）每组自动安平水准仪 1 台、三脚架 1 个、水准尺 2 根、尺垫 2 个、记录纸若干。

（2）自备：2H 铅笔、草稿纸。

四、实训步骤
（1）仪器介绍。指导教师现场通过演示讲解自动安平水准仪的构造、安置及使用方法。

（2）选择场地架设仪器。从仪器箱中取水准仪时，注意仪器装箱位置，以便用后装箱。

（3）认识仪器。对照实物正确说出仪器的组成部分、各螺旋的名称及作用。

（4）粗略整平。与微倾式水准仪粗略整平步骤相同。

（5）瞄准。先将望远镜对准明亮背景，旋转目镜调焦螺旋，使十字丝清晰；再用望远镜瞄准器照准竖立于测点的水准尺，旋转对光螺旋进行对光；最后旋转微动螺旋，使十字丝的竖丝位于水准尺中线位置上或尺边线上，完成对光，并消除视差。

（6）读数。用十字丝中丝读取米、分米、厘米、估读出毫米位数字，并用铅笔记录。

（7）计算。读取立于两个或更多测点上的水准尺读数，计算不同点间的高差。

五、注意事项
（1）三脚架应支在平坦、坚固的地面上，架设高度应适中，架头应大致水平，架腿制动螺旋应紧固，整个三脚架应稳定。

（2）安放仪器时应将仪器连接螺旋旋紧，防止仪器脱落。

（3）各螺旋的旋转应稳、轻、慢，禁止用蛮力，螺旋旋转部分最好使用其中间部位。

（4）瞄准目标时必须注意消除误差，应习惯先用瞄准器寻找和瞄准。

（5）立尺时，应站在水准尺后，双手扶尺，以使尺身保持竖直。

（6）读数时不要忘记精确整平。

（7）做到边观测、边记录、边计算。记录应使用铅笔。

（8）避免把水准尺靠在墙上或电杆上，以免摔坏；禁止用水准尺抬物，禁止坐在水准尺及仪器箱上。

（9）发现异常问题应及时向指导教师汇报，不得自行处理。

六、上交资料

实训结束后将测量实训报告以小组为单位装订成册上交。

实训项目二　测　量　实　训　报　告

姓名_____ 学号_____ 班级_____ 指导教师_____ 日期_____

[实训名称]

[目的与要求]

[仪器和工具]

[主要步骤]

[各部件名称及作用]

部　件　名　称	功　能
准星和照门	
目镜调焦螺旋	
物镜对光螺旋	
微动螺旋	
脚螺旋	
圆水准器	

[观测记录]

水 准 仪 观 测 记 录

序号	后视读数	前视读数	高差	备　注
1				
2				
3				
4				仪器号_____
5				
6				

[体会及建议]

[教师评语]

实训项目三　普 通 水 准 测 量

水准路线一般布置成为闭合、附合、支线的形式。本实训通过对一条闭合水准路线按普通水准测量的方法进行施测，使同学们掌握普通水准测量的方法。

一、实训性质

综合性实训，实训时数安排为 2 学时。

二、目的和要求

(1) 练习水准路线的选点和布置。

(2) 掌握普通水准测量路线的观测、记录、计算检核以及集体配合、协调作业的施测过程。

(3) 掌握水准测量路线成果检核及数据处理方法。

(4) 学会独立完成一条闭合水准测量路线的实际作业过程。

三、仪器和工具

(1) 水准仪 1 台、三脚架 1 个、水准尺 2 根、尺垫 2 个、记录板 1 块。

(2) 自备：2H 铅笔、计算器。

四、实训步骤

(1) 领取仪器后，根据教师给定的已知高程点，在测区选点。选择 4～5 个待测高程点，在地面上进行标记，形成一条闭合水准路线。

(2) 在距已知高程点（起点）与第一个转点大致等距离处架设水准仪，在起点与第一个待测点上竖立尺。

(3) 仪器整平后便可进行观测，同时记录观测数据。用双仪器高法（或双尺面法）进行测站检核。

(4) 第一站施测完毕，检核无误后，水准仪搬至第二站，第一个待测点上的水准尺尺底位置不变，尺面转向仪器；另一把水准尺竖立在第二个待测点上，进行观测，依此类推。

(5) 当两点间距离较长或两点间的高差较大时，在两点间可选定一或两个转点作为分段点，进行分段测量。在转点上立尺时，尺子应立在尺垫上的凸起物上。

(6) 水准路线施测完毕后，应求出水准路线高差闭合差，以对水准测量路线成果进行检核。

(7) 在高差闭合差满足要求（$f_{h_容} = \pm 12\sqrt{n}$，单位为 mm）时，对闭合差进行调整，求出数据处理后各待测点高程。

五、注意事项

(1) 前、后视距应大致相等。

（2）读取读数前，应仔细对光以消除视差。

（3）注意勿将上、下丝的读数误读成中丝读数。

（4）观测过程中不得进行粗略整平。若圆水准器气泡发生偏离，应整平仪器后，重新观测。

（5）应做到边测量、边记录、边检核，误差超限应立即重测。

（6）双仪器高法进行测站检核时，两次所测得的高差之差应不大于 6mm；双面尺法检核时，两次所测得的高差尾数之差应不大于 5mm（两次所测得的高差，因尺常数不同，理论值应相差 0.1m）。

（7）尺垫仅在转点上使用，在转点前后两站测量未完成时，不得移动尺垫位置。

（8）闭合水准路线高差闭合差 $f_h = \sum h$，容许值 $f_{h容} = \pm 12\sqrt{n}$，单位为 mm。

六、上交资料

实训结束后普通水准测量记录及测量实训报告以小组为单位装订成册上交。

实训项目三　测　量　实　训　报　告

姓名_____ 学号_____ 班级_____ 指导教师_____ 日期_____

[实训名称]

[目的与要求]

[仪器和工具]

[主要步骤]

[水准测量路线草图]

[数据处理]

水准测量成果计算表

点号	距离/m	测站	实测高差/m	高差改正数/mm	改正后高差/m	高程/m	辅助计算
							$f_h=$
							$f_{h容}=$
Σ							

[体会及建议]

[教师评语]

实训项目三　普通水准测量记录

仪器_____　天气_____　班组_____　观测员_____　记录员_____

测站	点号	后视读数 a	前视读数 b	高程 h		平均高差	高程	备注
				+	−			
检核		$\sum a=$　　$\sum b=$　　$\sum h=$ $\sum a-\sum b=$						

68

实训项目四　经纬仪的认识与使用

角度测量是测量的基本工作之一，经纬仪是测定角度的仪器。通过本实训可使同学们了解光学及电子经纬仪的组成和构造，经纬仪上各螺旋的名称、功能，以及电子经纬仪的特点。

一、实训性质

验证性实训，实训时数安排为 2 学时。

二、目的和要求

（1）了解 DJ_6 型光学经纬仪或电子经纬仪的基本构造，以及主要部件的名称与作用。

（2）掌握经纬仪的安置方法，学会使用经纬仪。

三、仪器和工具

（1）DJ_6 型光学经纬仪（或 DT_5 型电子经纬仪）1 台、记录板 1 块、测伞 1 把。

（2）自备：铅笔、计算器。

四、实训步骤

1. 仪器讲解

指导教师现场讲解 DJ_6 型光学经纬仪的构造，各螺旋的名称、功能及操作方法，仪器的安置及使用方法。

2. 安置仪器

各小组在给定的测站点上架设仪器（从箱中取经纬仪时，应注意仪器的装箱位置，以便用后装箱）。在测站点上撑开三脚架，高度应适中，架头应大致水平；然后把经纬仪安放到三脚架的架头上。安放仪器时，一手扶住仪器，一手旋转位于架头底部的连接螺旋，使连接螺旋穿入经纬仪基座压板螺孔，并旋紧螺旋。

3. 认识仪器

对照实物正确说出仪器的组成部分、各螺旋的名称及作用。

4. 对中

对中有垂球对中和光学对中器对中两种方法。

（1）垂球对中（基本不用）。

1）在架头底部的连接螺旋的小挂钩上挂上垂球。

2）平移三脚架，使垂球尖大致对准地面上的测站点，并注意使架头大致水平，踩紧三脚架。

3）稍松底座下的连接螺旋，在架头上平移仪器，使垂球尖精确对准测站点（对中误差应小于等于 3mm），最后旋紧连接螺旋。

（2）光学对中器对中。

1）将仪器中心大致对准地面测站点。

2）通过旋转光学对中器的目镜调焦螺旋，使分划板对中圈清晰；通过推、拉光学对中器的镜管进行对光，使对中圈和地面测站点标志都清晰显示。

3）调整脚螺旋，使地面测站点标志位于对中圈内。

4）逐一松开三脚架架腿制动螺旋并利用伸缩架腿（架脚点不得移位）使圆水准器气泡居中，大致整平仪器。

5）用脚螺旋使照准部水准管气泡居中，整平仪器。

6）检查对中器中地面测站点是否偏离分划板对中圈。若发生偏离，则松开底座下的连接螺旋，在架头上轻轻平移仪器，使地面测站点回到对中器分划板对中圈内。

7）检查照准部水准管气泡是否居中。若气泡发生偏离，需再次整平，即重复前面过程，最后旋紧连接螺旋。[按方法（2）对中仪器后，可直接进入步骤6）]

5. 整平

转动照准部，使水准管平行于任意一对脚螺旋，同时相对（或相反）旋转这两只脚螺旋（气泡移动的方向与左手大拇指行进方向一致），使水准管气泡居中；然后将照准部绕竖轴转动90°，再转动第三只脚螺旋，使气泡居中。如此反复进行，直到照准部转到任何方向，气泡在水准管内的偏移都不超过刻划线的一格为止。

6. 瞄准

取下望远镜的镜盖，将望远镜对准天空（或远处明亮背景），转动望远镜的目镜调焦螺旋，使十字丝最清晰；然后用望远镜上的照门和准星瞄准远处一线状目标（如远处的避雷针、天线等），旋紧望远镜和照准部的制动螺旋，转动对光螺旋（物镜调焦螺旋），使目标影像清晰；再转动望远镜和照准部的微动螺旋，使目标被十字丝的纵向单丝平分，或被纵向双丝夹在中央。

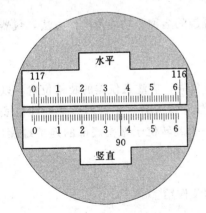

图 3-4-1 DJ₆型光学经纬仪读数窗

7. 读数

瞄准目标后，调节反光镜的位置，使读数显微镜读数窗亮度适当，旋转显微镜的目镜调焦螺旋，使度盘及分微尺的刻划线清晰，读取落在分微尺上的度盘刻划线所示的度数，然后读出分微尺上 0 刻划线到这条度盘刻划线之间的分数，最后估读至 $1'$ 的 0.1 位。（图 3-4-1，水平度盘读数为 $117°01.9'$，竖盘读数为 $90°36.2'$）。

8. 设置度盘读数

可利用光学经纬仪的水平度盘读数变换手轮，改变水平度盘读数。做法是打开基座上的水平度盘读数变换手轮的护盖，拨动水平度盘读数变换手轮，观察水平度盘读数的变化，使水平度盘读数为一定值，关上护盖。

有些仪器配置的是复测扳手。要改变水平度盘读数，首先要旋转照准部，观察水平度盘读数的变化，使水平度盘读数为一定值，按下复测扳手将照准部和水平度盘卡住；再将照准部（带着水平度盘）转到需瞄准的方向上，打开复测扳手，使其复位。

9. 记录

用 2H 或 3H 铅笔将观测的水平方向读数记录在表格中，用不同的方向值计算水平角。

五、注意事项

（1）尽量使用光学对中器进行对中，对中误差应小于 3mm。

（2）测量水平角瞄准目标时，应尽可能瞄准其底部，以减少目标倾斜所引起的误差。

（3）观测过程中，注意避免碰动光学经纬仪的复测扳手或度盘变换手轮，以免发生读数错误。

（4）日光下测量时应避免将物镜直接瞄准太阳。

（5）仪器安放到三脚架上或取下时，要一手先握住仪器，以防仪器摔落。

（6）电子经纬仪在装、卸电池时，必须先关掉仪器的电源开关（关机）。

（7）勿用有机溶液擦试镜头、显示窗和键盘等。

六、上交资料

实训结束后将测量实训报告以小组为单位装订成册上交。

实训项目四　测量实训报告

姓名＿＿＿＿＿　学号＿＿＿＿＿　班级＿＿＿＿＿　指导教师＿＿＿＿＿　日期＿＿＿＿＿

［实训名称］

［目的与要求］

［仪器和工具］

［主要步骤］

［观测数据及处理］

经 纬 仪 观 测 记 录

仪器型号＿＿＿＿＿　天气观测＿＿＿＿＿　班组＿＿＿＿＿　观测者＿＿＿＿＿　记录者＿＿＿＿＿

测站	目标	竖盘	水平度盘读数	水平角值	竖直度盘读数	略图
		左				
		右				
		左				
		右				

［体会及建议］

［教师评语］

实训项目五　测回法观测水平角

水平角测量是角度测量工作之一，测回法是测定由两个方向所构成的单个水平角的主要方法，也是在测量工作中使用最为广泛的一种方法。通过本实训可使同学们了解测回法测量水平角的步骤和过程，掌握用光学经纬仪或电子经纬仪按测回法测量水平角的方法。

一、实训性质

验证性实训，实训时数安排为 2 学时。

二、目的和要求

（1）进一步熟悉 DJ$_6$ 型光学经纬仪或电子经纬仪的使用方法。

（2）掌握测回法观测水平角的观测、记录和计算方法。

（3）了解用 DJ$_6$ 型光学经纬仪或电子经纬仪按测回法观测水平角的各项技术指标。

三、仪器和工具

（1）DJ$_6$ 型光学经纬仪（或电子经纬仪）1 台、记录板 1 块、测伞 1 把、测钎 2 根。

（2）自备：2H 铅笔、计算器。

四、实训步骤

（1）在指定的场地内，选择边长大致相等的 3 个点打桩，在桩顶钉上小钉作为点的标志，分别以 A、B、O 命名。

（2）在 A、B 两点插上测钎。

（3）将 O 点作为测站点，安置经纬仪进行对中、整平。

（4）使望远镜位于盘左位置（即观测员用望远镜瞄准目标时，竖盘在望远镜的左边，也称正镜位置），瞄准左边第一个目标 A，即瞄准 A 点，用光学经纬仪的度盘变换手轮将水平度盘读数拨到 0°或略大于 0°的位置上，读数并做好记录。

（5）按顺时针方向，转动望远镜瞄准右边第二个目标 B，读取水平度盘读数，记录，并在观测记录表格中计算盘左上半测回水平角值（$b_左 - a_左$）。

（6）将望远镜盘左位置换为盘右位置（即观测员用望远镜瞄准目标时，竖盘在望远镜的右边，也称倒镜位置），先瞄准右边第二个目标 B，读取水平度盘读数，记录。

（7）按逆时针方向，转动望远镜瞄准左边第一个目标 A，读取水平度盘读数，记录，并在观测记录表格中计算出盘右下半测回角值（$b_右 - a_右$）。

（8）比较计算的两个上、下半测回角值，若限差不大于 $36''$，则满足要求，取平均值求出一测回平均值水平角值。

（9）如果需要对一个水平角测量 n 个测回，则在每测回盘左位置瞄准第一个目标 A 时，都需要配置度盘。每个测回度盘读数需变化 $\dfrac{180°}{n}$（n 为测回数）。（如：要对一个水平角测量 3 个测回，则每个测回度盘读数需变化 $\dfrac{180°}{3} = 60°$，则 3 个测回盘左位置瞄准左边第一个目标 A 时，配置度盘的读数分别为 0°、60°、120°或略大于这些读数。）

采用复测结构的经纬仪在配置度盘时，可先转动照准部，在读数显微镜中观测读数变化，当需配置的水平度盘读数确定后，扳下复测扳手，在瞄准起始目标后，扳上复测扳手即可。

（10）除需要配置度盘读数外，各测回观测方法与第一测回水平角的观测过程相同。比较各测回所测角值，若限差不大于 24″，则满足要求，取平均值求出各测回平均角值。

五、注意事项

（1）观测过程中，若发现气泡偏移超过一格时，应重新整平仪器并重新观测该测回。

（2）光学经纬仪在一测回观测过程中，注意避免碰动复测扳手或度盘变换手轮，以免发生读数错误。

（3）计算半测回角值时，当第一目标读数 a 大于第二目标读数 b 时，则应在第一目标读数 a 上加上 360°。

（4）上、下半测回角值互差不应超过 ±36″，超限须重新观测该测回。

（5）各测回互差不应超过 ±24″，超限须重新观测。

（6）仪器迁站时，必须先关机，然后装箱搬运，严禁装在三脚架上迁站。

（7）使用中，若发现仪器功能异常，不可擅自拆卸仪器，应及时报告实训指导教师或实训室工作人员。

六、上交资料

实训结束后将测量实训报告以小组为单位装订成册上交。

实训项目五　测量实训报告

姓名_____ 学号_____ 班级_____ 指导教师_____ 日期_____

[实训名称]

[目的与要求]

[仪器和工具]

[主要步骤]

[观测数据及处理]

测回法观测记录

仪器型号_____ 天气_____ 班组_____ 观测_____ 记录_____

测站	测回	目标	竖盘位置	水平度盘读数 /(° ′ ″)	半测回角值 /(° ′ ″)	一测回角值 /(° ′ ″)	各测回平均角值 /(° ′ ″)	备注

[体会及建议]

[教师评语]

实训项目六　竖直角观测

竖直角是计算高差及水平距离的元素之一，在三角高程测量与视距测量中均需测量竖直角。竖直角测量时，要求竖盘指标位于正确的位置上。通过本实训可以使同学们了解用光学经纬仪及电子经纬仪进行竖直角测量的过程，掌握竖直角的测量方法，弄清竖盘指标差对竖直角的影响规律，学会对竖盘指标差进行检校。

一、实训性质

验证性实训，实训时数安排为 2 学时。

二、目的和要求

（1）了解光学经纬仪竖盘构造、竖盘注记形式；弄清竖盘、竖盘指标与竖盘指标水准管之间的关系；了解电子经纬仪竖盘零位的设置。

（2）能够正确判断出所使用经纬仪竖直角计算的公式。

（3）掌握竖直角观测、记录、计算的方法。

（4）了解竖盘指标差检验和校正的方法。

三、仪器和工具

（1）DJ$_6$ 型光学经纬仪（或电子经纬仪）1 台、记录板 1 块、测伞 1 把。

（2）自备：2H 铅笔、计算器。

四、实训步骤

（1）领取仪器后，在各组给定的测站点上安置经纬仪，对中、整平，对照实物说出竖盘部分各部件的名称与作用。

（2）上下转动望远镜，观察竖盘读数的变化规律，确定出竖直角的推算公式，在记录表格备注栏内注明。

（3）选定远处较高的建（构）筑物，如水塔、楼房上的避雷针、天线等作为目标。

（4）用望远镜盘左位置瞄准目标，用十字丝中丝切于目标顶端。

（5）转动竖盘指标水准管微倾螺旋，使竖盘指标水准管气泡居中（有竖盘指标自动归零补偿装置的光学经纬仪无须此步骤）。

（6）读取竖盘读数 L，在记录表格中做好记录，并计算盘左上半测回竖直角值 $\alpha_{左}$。

（7）再用望远镜盘右位置瞄准同一目标，同法进行观测，读取竖盘读数 R，记录并计算盘右下半测回竖直角值 $\alpha_{右}$。

（8）计算竖盘指标差 $x = \dfrac{1}{2}(\alpha_{右} - \alpha_{左}) = \dfrac{1}{2}(R + L - 360°)$，在满足限差（$|x| \leqslant 24''$）要求的情况下，计算上、下半测回竖直角的平均值 $\alpha = \dfrac{1}{2}(\alpha_{左} + \alpha_{右})$，即一测回竖角值。

（9）同法进行第二测回的观测。检查各测回指标差互差（限差 $\pm 24''$）及竖直角值的互差（限差±24″）是否满足要求，如在限差要求之内，则可计算同一目标各测回竖直角的平均值。

五、上交资料

实训结束后测量实训报告以小组为单位装订成册上交。

实训项目六　测量实训报告

姓名_____学号_____班级_____指导教师_____日期_____

[实训名称]

[目的与要求]

[仪器和工具]

[主要步骤]

[观测数据及处理]

竖直角观测记录

仪器型号_____　天气_____　班组_____　观测者_____　记录者_____

测站	目标	竖盘位置	竖盘读数/(°　′　″)	半测回竖直角/(°　′　″)	指标差/(°　′　″)	一测回竖直角/(°　′　″)	各测回竖直角平均值/(°　′　″)	备注
O		左						
		右						
O		左						
		右						
O		左						
		右						

[体会及建议]

[教师批语]

实训项目七　钢　尺　量　距

距离测量是测量的基本工作之一，钢尺量距是距离测量中方法简便、成本较低、使用较广的一种方法。本实训通过使用钢尺丈量距离实训，使同学们熟悉距离丈量的工具、仪器等，正确掌握其使用方法。

一、实训性质

验证性实训，实训时数安排为 1～2 学时。

二、目的和要求

（1）熟悉距离丈量的工具、设备。

（2）掌握用钢尺按一般方法进行距离丈量。

三、仪器和工具

（1）钢尺 1 把，测钎 1 束，花杆 3 根，记录板 1 块。

（2）自备：2H 铅笔，计算器。

四、实训步骤

1. 定桩

在平坦场地上选定相距约 80m 的 A，B 两点，打下木桩，在桩顶钉上小钉作为点位标志（若在坚硬的地面上可直接画细十字线作标记）。在直线 AB 两端各竖立 1 根花杆。

2. 往测

（1）后尺手手持钢尺尺头，站在 A 点花杆后，单眼瞄向 A，B 花杆。

（2）前尺手手持钢尺尺盒并携带一根花杆和一束测钎沿 $A{\rightarrow}B$ 方向前行，行至约一整尺长处停下，根据后尺手指挥，左、右移动花杆，使之插在 AB 直线上。

（3）后尺手将钢尺零点对准点 A，前尺手在 AB 直线上拉紧钢尺并使之保持水平，在钢尺一整尺注记处插下第一根测钎，完成一个整尺段的丈量。

（4）前后尺手同时提尺前进，当后尺手行至所插第一根测钎处，利用该测钎和点 B 处花杆定线，指挥前尺手将花杆插在第一根测钎与 B 点的直线上。

（5）后尺手将钢尺零点对准第一根测钎，前尺手同法在钢尺拉平后在一整尺注记处插入第二根测钎，随后后尺手将第一根测钎拔出收起。

（6）同法依次类推丈量其他各尺段。

（7）到最后一段时，往往不足一整尺长。后尺手将尺的零端对准测钎，前尺手拉平拉紧钢尺对准 B 点，读出尺上读数，读至毫米位，即为余长 Δl，做好记录。然后，后尺手拔出收起最后一根测钎。

（8）此时，后尺手手中所收测钎数 n 即为 AB 距离的整尺数，整尺数乘以钢尺整尺长 l 加上最后一段余长 Δl 即为 AB 往测距离，即 $D_{AB} = nl + \Delta l$。

3. 返测

往测结束后，再由 B 点向 A 点同法进行定线量距，得到返测距离 D_{BA}。

4. 计算

根据往、返测距离 D_{AB} 和 D_{BA} 计算量距相对误差 $k = \dfrac{|D_{AB} - D_{BA}|}{\overline{D}_{AB}} = \dfrac{1}{M}$，与容许误差 $K_{容} = \dfrac{1}{3000}$ 相比较。若精度满足要求，则 AB 距离的平均值 $\overline{D}_{AB} = \dfrac{D_{AB} + D_{BA}}{2}$ 即为两点间的水平距离。

五、注意事项

（1）钢尺必须经过检定才能使用。

（2）拉尺时，尺面保持水平、不得握住尺盒拉紧钢尺。收尺时，手摇柄要顺时针方向旋转。

（3）钢卷尺尺质较脆，应避免过往行人、车辆的踩、压，避免在水中拖拉。

（4）测磁方位角时，要认清磁针北端，应避免铁器干扰。搬迁罗盘仪时，要固定磁针。

（5）限差要求为：量距的相对误差应小于 1/3000，定向误差应小于 1°。超限时应重新测量。

（6）钢尺使用完毕，擦拭后归还。

六、上交资料

实训结束后将测量实训报告以小组为单位装订成册上交。

实训项目七　测　量　实　训　报　告

姓名_____学号_____班级_____指导教师_____日期_____

［实训名称］

［目的与要求］

［仪器和工具］

［主要步骤］

［观测数据及处理］

距离丈量及磁方位角测定记录

钢尺号码_____钢尺长度_____天气_____地点_____记录者_____观测者_____

测段	丈量	整尺段数 n	余长 /m	直线长度 /m	平均长度 /m	相对 精度	备注
	往						
	返						
	往						
	返						
	往						
	返						
	往						
	返						

［体会及建议］

［教师评语］

实训项目八　用全站仪进行大比例尺数字测图

一、实训性质

综合性实训，实训时数可安排为 4 学时。

二、目的和要求

(1) 掌握用草图法测绘数字地形图的实施方法。

(2) 明确选择地形特征点的要领。

(3) 测图比例尺为 1:500，等高距为 0.5m。

三、仪器和工具

(1) 全站仪 1 台、小钢卷尺 1 把、测钎 4 根、木桩和小钉若干个、斧子 1 把、记录板 1 块、测伞 1 把、地形图 1 张。

(2) 自备：2H 铅笔、白纸。

四、实训步骤

1. 安置仪器

(1) 将全站仪安置于某一控制点（设为 A）上。进行对中、整平（对中误差不应大于 2mm），并量仪器高 i（量至厘米）。

(2) 打开仪器，建立作业（见前面几个全站仪实训）。

(3) 输入测站信息，包括测站点名、坐标、高程和仪器高。如果没有已知的控制点，可假设测站点的坐标和高程。

(4) 定向。选择可通视的另一控制点（设为 B）为定向点，用望远镜照准定向点（尽量瞄准目标的底部）；建议采用坐标定向方式，根据提示输入定向点的点名、坐标和高程。如果没有已知点，可以虚拟一个定向点，比如，使望远镜指向北方向或东方向，假设一段距离，得到虚拟控制点的坐标，输入到全站仪中。

(5) 检查测量（务必要进行）。照准定向点的棱镜，进行检查测量，与已知坐标相比较，误差在 1 倍之内。在第一个测站之后，也可以在已测的几个碎部点上安置反光镜进行检查测量。

(6) 进入碎部测量界面。

2. 碎部点测定

(1) 立镜者将反光镜竖直地立于选定的地形特征点上。

(2) 仪器操作者瞄准反光镜，输入或修改碎部点点号及棱镜高，按测量及保存键。

绘图员要跟随立镜者，根据立镜次序绘制草图，草图上标注点号。绘图员与仪器操作者要经常保持联系，核对点号。

测量时，要按顺序立点，尽量把一个地物测绘完整。测绘地貌时可沿地物特征点或沿地貌特征点立点。对于少量不通视的碎部点，可采用内插、延长或图解的方法进行测绘。

对于本测站测绘不到的区域，如果没有已知控制点，需要从本测站加密若干个图根点。图根点的测设必须保证精度，一般情况下，用支导线方式加密图根点的个数不能超过3个。当一个测站测绘完毕，确认没有遗漏后，方可迁站。

如果某碎部点的高程不需要（如举高或降低棱镜），要把棱镜高设置为0。

图3-8-1和图3-8-2分别是地貌、地物测绘时碎部点的选择及草图绘制的示意图。

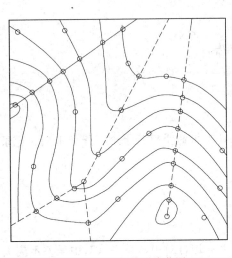

图3-8-1 地貌测绘草图

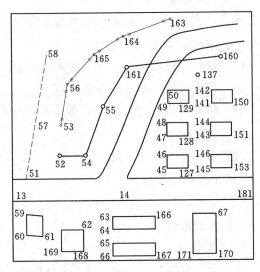

图3-8-2 地物测绘草图

3.传输数据

将全站仪终端接口与计算机相连接，设置通信参数，将坐标数据文件输入计算机。

4.绘制地形图

由测图软件对采集的数据进行处理，在人机交互方式下进行地形图编辑，成图后由绘图仪绘制地形图。

五、注意事项

（1）5~6人一组，分工为观测、立镜和绘草图，轮换操作。

（2）施测前，应由组长进行安排，明确分工，选定立尺路线。

（3）实训前应抄录控制点坐标。

六、上交资料

实训结束后将测量实训报告以小组为单位装订成册上交，测量实训报告附按A4纸规格打印的地形图。

实训项目八　测量实训报告

姓名＿＿＿＿＿＿学号＿＿＿＿＿＿班级＿＿＿＿＿＿指导教师＿＿＿＿＿＿日期＿＿＿＿＿＿

［实训名称］

［目的与要求］

［仪器和工具］

［主要步骤］

［主要情况记录］

［体会及建议］

［教师批语］

实训项目九　施 工 放 样 测 量

在水利水电工程建设施工中，往往要将已知的高差、已知的水平角、已知的水平距离、已知点的位置按设计施工图纸的要求，在地面上测设出来，以便指导施工。通过本实训使同学们对测设工作有一个综合性的了解，掌握用水准仪放样点的高差，用全站仪放样水平角、水平距离及坐标的方法，加深对测量工作在工程中应用的认识，提高测量的综合能力。

一、实训性质

验证性实训，实训时数可安排为 4 学时。

二、目的和要求

（1）练习用水准仪在地面测设高差。

（2）练习用全站仪在地面测设水平角。

（3）练习用全站仪在地面测设水平距离。

（4）掌握用全站仪按给定坐标测设点位。

三、仪器和工具

（1）水准仪、电子经纬仪或全站仪 1 台，小钢卷尺 1 把，测钎 4 根，木桩和小钉若干个，斧子 1 把，记录板 1 块，测伞 1 把，地形图 1 张。

（2）自备：2H 铅笔、三角板、计算器。

四、实训步骤

（一）准备工作

（1）实训指导教师交代实训程序，提供控制点位置、坐标数据及测设数据。

（2）有必要时，应对仪器进行参数预置。

（二）用水准仪进行高差放样

1. 用水准仪进行高程的测设

（1）在离给定的已知高程点 A 与待测点 P（可在墙面上，也可在给定位置钉大木桩上）距离适中位置架设水准仪，在 A 点上竖立水准尺。

（2）仪器整平后，瞄准 A 尺读取的后视读数 a；根据 A 点高程 H_A 和测设高程计算靠在所测设处 P 点桩上的水准尺上的前视读数 b：

$$b = H_A + a - H_P$$

（3）将水准尺紧贴 P 点木桩侧面，水准仪瞄准 P 尺读数，靠桩侧面上下移动调整 P 尺，当观测得到的 P 尺前视读数等于计算所得 b 时，沿着尺底在木桩上画线，即为测设（放样）的高程 H_P 的位置。

（4）将水准尺底面置于设计高程位置，再次做前后视观测，进行检核。

（5）同法可在其余各点桩上测设同样高程的位置。

2．用水准仪进行坡度线的测设（选做）

（1）实训指导教师在场地进行布置，给定已知点高程，设计的坡度 i。

（2）在地面上选择高差相差较大的两点 M 和 N，（M 为给定高程 H_M 点）。

（3）从 M 点起沿 MN 方向上按距离 d 钉木桩，直到 N 点。根据已知点高程 H_M 设计坡度 i 及距离 d 推算各桩的设计高程：$H_i = H_M + i \cdot d \cdot n$（$n$ 为桩的序号）。

（4）在适当的位置安置水准仪，瞄准 M 点上水准尺，读取后视读数 a 求得视线高 $H = H_M + a$。

（5）根据各点的设计高程 H_i 计算各桩应有的前视读数 $b = H - H_i$。

（6）水准尺分别立于各桩顶，读取各点的前视读数 b'，对比应有读数 b，计算各桩顶的升、降数，并注记在木桩侧面。

（三）用全站仪测设水平角及距离

1．水平角度测设

（1）在给定的方向线的起点安置（对中、整平）全站仪，安装电池后按"开关"键开机，屏幕显示测量模式的第一页。

（2）仪器瞄准给定的方向线的终点，按"置零"键，使显示的水平方向值为 $0°00'00''$。

（3）旋转照准部，直到屏幕显示的水平方向值约为测设的角度值，用制动螺旋固定照准部，转动微动螺旋，使屏幕显示的水平方向值为测设的角度值，在视线方向可做标志表示。

2．水平距离测设

（1）按照水平角度测设第 1 步～第 2 步进行，量取仪器高并记录。

（2）按"测量"键，仪器直接显示平距，比较待放样距离与实测距离是否一致，如果有差值，改正之即可得到正确距离。

3．坐标测设

（1）在测设点安置仪器后，开机，量取仪器高并记录。

（2）按"程序"键，进入测量模式选择的页面，选择"放样"功能，按"回车"键确认，进入"放样"状态页面。

（3）先设站，输入测站点名称和坐标、仪器高后，按"回车"键确认。

（4）定向，进入坐标放样状态，输入定向点名称和坐标，按"回车"键确认。

（5）进入放样状态，翻页后输入待放样点名称和坐标，翻页可以看到仪器显示待放样点需要偏转角度，旋转仪器照准部。当需要偏转角度为零时，仪器照准方向即为待放样方向。利用反光镜测距，屏幕显示反光镜到待放样点之间的距离，移动反光镜改正之，即可得放样点位正确位置。

按同样方法测设其他点。

五、注意事项

（1）测设数据经校核无误后才能使用，测设完毕后还应进行检测。

（2）在测设点的平面位置时，计算值与检测值比较，检测边长 D 的相对误差应不大于 $1/2000$。检测角 $\angle APQ$，$\angle AQP$ 的误差应不大于 $60''$。在测设点的高程时，检测值与设计值之差应不大于 8mm，超限应重新测量。

（3）全站仪的仪器常数，一般在出厂时经严格测定并进行了设置，故一般不要自行进行此项设置，其余设置应在教师指导下进行。

（4）在关闭电源时，全站仪最好处于主菜单显示屏或角度测量模式，这样可以确保存储器输入、输出的过程完整，避免数据丢失。

（5）全站仪内存中的数据文件可以通过 I/O 接口传送到计算机，也可以从计算机将坐标数据文件和编码库数据直接装入仪器内存，有关内容可参阅仪器操作手册。

（6）实训结束后将测量实训报告以小组为单位装订成册上交。

实训项目九　测量实训报告（1）

姓名＿＿＿＿＿学号＿＿＿＿＿班级＿＿＿＿＿指导教师＿＿＿＿＿日期＿＿＿＿＿

[实训名称]

[目的与要求]

[仪器和工具]

[主要步骤]

[数据处理]

高 程 测 设 记 录

| 测站 | 已知水准点 | | 后视读数 | 视线高程/m | 待测设点 | | 前视尺应有读数 | 填挖数/m | 检　测 | |
	点号	高程/m			点号	设计高程/m			实际读数	误差/m

[体会及建议]

[教师批语]

实训项目九　测量实训报告（2）

姓名＿＿＿＿＿＿学号＿＿＿＿＿＿班级＿＿＿＿＿＿指导教师＿＿＿＿＿＿日期＿＿＿＿＿＿

[实训名称]

[目的与要求]

[仪器和工具]

[主要步骤]

[测设数据处理]

点的平面位置测设记录

点名	坐标值/m		坐标差/m		坐标方位角 /(° ′ ″)	线名	应测设的水平角 /(° ′ ″)	应测设的水平距离 /m	测设略图
	x	y	Δx	Δy					

[体会及建议]

[教师评语]

第四部分　测量工职业技能测试题

试题 1　闭合水准路线测量

1. 考核内容

(1) 用普通水准测量方法完成闭合水准路线测量工作。

(2) 完成该段水准路线的记录和计算校核并求出高差闭合差。

(3) 使用自动安平水准仪时，要求补偿指标线不脱离小三角形。

2. 考核要求

(1) 设 3~4 个转点或 300m 以上路线长度。

(2) 严格按操作规程作业。

(3) 记录、计算完整，清洁，字体工整，无错误。

(4) $f_{h容} \leqslant \pm 12mm$（注：考场地势平坦、范围不大），高差闭合差不必进行分配。

3. 考核标准

(1) 以时间 T 为评分依据，评分标准分 4 个等级制定（表 4-1），具体分数由所在等级内评分，表中 M 代表分数。即每少 $1'$ 加 1 分，$10'$ 以内每少 $1'$ 加 2 分。

表 4-1　　　　　　　　　　　　　闭合水准路线测量评分标准

考核项目	$M \geqslant 85$	$85 > M \geqslant 75$	$75 > M \geqslant 60$	$M < 60$
闭合水准路线测量	$T \leqslant 10'$	$10' < T \leqslant 15'$	$15' < T \leqslant 25'$	$T > 25'$

(2) 根据圆水准气泡和补偿指标线不脱离小三角形情况，扣 1~5 分。

(3) 根据记录表格整洁情况，扣 1~5 分（记录划去 1 处，扣 1 分，合计不超过 5 分）。

4. 考核说明

(1) 考核过程中任何人不得提示，个人应独立完成仪器操作、记录、计算及校核工作。

(2) 考核人有权随时检查是否符合操作规程及技术要求，但应相应折减所影响的时间。

(3) 若有作弊行为，一经发现一律按零分处理，不得参加补考。

(4) 考核前考生应准备好钢笔或圆珠笔、计算器，考核者应提前找好扶尺人。

(5) 考核时间自架立仪器开始，至递交记录表为终止。

(6) 考核仪器水准仪为自动安平水准仪（精度与 DS$_3$ 型相当）。

(7) 数据记录、计算及校核均填写在相应记录表中，记录表不可用橡皮擦修改，记录表以外的数据不作为考核结果。

(8) 考核人应在考核结束前检查并填写圆水准气泡和补偿指标线不脱离小三角形情

况，在考核结束后填写考核所用时间并签名。

（9）水准测量考核记录表见"普通水准测量记录表"。

普通水准测量记录表

班级：_____ 考号：_____ 姓名：_____

时间：_____ 得分：_____ 扣分：_____ 评分：_____

测点	水准尺读数/m		高差 h/m		高程 /m	备注
	后视 a/m	前视 b/m	+	−		
		——	——	——		起点高程设为50m
Σ						
计算校核			$\sum a - \sum b =$	$\sum h =$		

请考核人填写：

①圆水准气泡居中和补偿指标线不脱离小三角形情况，扣分：_____。

②卷面整洁情况，扣分：_____。

考核人：_____ 考试日期：_____

5. 样题

如图 4-1 所示，已知水准点 BM 的高程 $H_{BM} = 50.000$m，试用普通水准测量的方法，测出 1 点、2 点、3 点的高程（注：高差闭合差不必进行分配）。

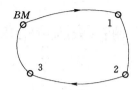

图 4-1 闭合水准路线测量

班级：1301　　考号：0915　　姓名：张三

时间：＿＿＿＿＿　得分：＿＿＿＿＿　扣分：＿＿＿＿＿评分：＿＿＿＿＿

测点	水准尺读数/m		高差 h/m		高程 /m	备注
	后视 a/m	前视 b/m	＋	－		
BM	0.982	—	—	—	50.000	起点高程设为50m
1	0.814	1.554		0.572	49.428	
2	0.744	1.034		0.220	49.208	
3	1.920	1.821		1.077	48.131	
BM	—	0.055	1.865		49.996	
			—			
Σ	4.460	4.464	1.865	1.869		
计算校核	$\sum a - \sum b = 0.004\text{m}$　　$\sum h = -0.004\text{m}$					

请考核人填写：

① 圆水准气泡居中和补偿指标线不脱离小三角形情况，扣分：＿＿＿＿＿。

② 卷面整洁情况，扣分：＿＿＿＿＿。

考核人：＿＿＿＿＿考试日期：＿＿＿＿＿

试题 2　测回法测量三角形内角

1. 考核内容

(1) 用测回法完成一个三角形 3 个内角的观测。

(2) 完成必要的记录和计算；并求出三角闭合差。

(3) 对中误差不大于 ±3mm，水准管气泡偏差小于 1 格。

2. 考核要求

(1) 严格按测回法的观测程序作业。

(2) 记录、计算完整、清洁，字体工整，无错误。

(3) 上、下半测回角值之差不大于 ±36″。

(4) 三角闭合差不大于 ±1′，角度闭合差不必进行分配。

3. 考核标准

(1) 以时间 T 为评分依据，评分标准分 4 个等级制定（表 4 - 2），具体分数由所在等级内评分，表中 M 代表分数。即每少 1′加 1 分，30′以内每少 1′加 2 分。

表 4 - 2　　　　　　　　　　　　测回法测量三角形内角评分标准

考核项目	$M \geqslant 85$	$85 > M \geqslant 75$	$75 > M \geqslant 60$	$M < 60$
测回法测量三角形的内角	$T \leqslant 30'$	$30' < T \leqslant 40'$	$40 < T \leqslant 55'$	$T > 55'$

(2) 根据对中误差情况，扣 1～3 分。

(3) 根据水准管气泡偏差情况，扣 1～2 分。

(4) 根据卷面整洁情况，扣 1～5 分（记录划去 1 处，扣 1 分，合计不超过 5 分）。

4. 考核说明

(1) 考核过程中任何人不得提示，个人应独立完成仪器操作、记录、计算及校核工作。

(2) 考核人有权随时检查是否符合操作规程及技术要求，但应相应折减所影响的时间。

(3) 若有作弊行为，一经发现一律按零分处理，不得参加补考。

(4) 考核前考生应准备好钢笔或圆珠笔、计算器，考核者应提前找好扶尺人。

(5) 考核时间自架立仪器开始，至递交记录表为终止。

(6) 考核仪器经纬仪为 DJ$_6$ 型。

(7) 数据记录、计算及校核均填写在相应记录表中，记录表不可用橡皮擦修改，记录表以外的数据不作为考核结果。

(8) 考核人应在考核结束前检查并填写经纬仪对中误差及水准管气泡偏差情况，在考核结束后填写考核所用时间并签名。

水平角测回法记录表

班级：_____ 考号：_____ 姓名：_____

时间：_____ 得分：_____ 扣分：_____ 评分：_____

测点	盘位	目标	水平度盘读数/ (° ′ ″)	水平角		示意图
				半测回值/ (° ′ ″)	一测回值/ (° ′ ″)	
校核			三角形闭合差 $f=$			

请考核人填写：

① 对中误差：_____ mm，扣分：_____。

② 水准管气泡偏差：_____ 格，扣分：_____。

③ 卷面整洁情况，扣分：_____。

考核人：_____ 考核日期：_____

（9）测回法测量考核记录表见"水平测回法记录表"。

5. 样题

如图 4 - 2，设 A、B、C 是地面上相互通视的 3 点，用测回法测出三角形三个内角

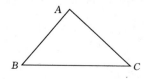

图 4 - 2 测回法测量三角形内角

103

A、B、C 的角值（注：每个角测一个测回，角度闭合差不必进行分配）。

班级：1302　　　考号：0918　　　姓名：李四

时间：_____　得分：_____　扣分：_____　评分：_____

测点	盘位	目标	水平度盘读数/ (° ′ ″)	半测回值/ (° ′ ″)	一测回值/ (° ′ ″)	示意图
A	左	C	00　00　05	76　20　47	76　20　50	
		B	76　20　52			
	右	C	180　00　00	76　20　53		
		B	256　20　53			
B	左	A	00　01　00	65　06　22	65　06　23	
		C	65　07　22			
	右	A	180　01　09	65　06　24		
		C	245　07　33			
C	左	B	00　00　28	38　32　37	38　32　42	
		A	38　33　05			
	右	B	180　00　31	38　32　46		
		A	218　33　17			
校核			三角形闭合差 $f = 179°59'55'' - 180° = -5''$			

（表头：水平角 跨 半测回值、一测回值两列）

请考核人填写：

① 对中误差：_____ mm，扣分：_____。

② 水准管气泡偏差：_____ 格，扣分：_____。

③ 卷面整洁情况，扣分：_____。

考核人：_____ 考试日期：_____

104

试题 3   用水准仪测设高程点

1. 考核内容

（1）用普通水准测量方法放样出一个设计给定高程的点。

（2）完成该工作的记录和计算，并实地标定所测设的点。

（3）读数使用自动安平水准仪时，要求补偿指标线不脱离小三角形。

2. 考核要求

（1）严格按操作规程作业；所标定点的高程与其设计高程之差不超过±5mm。

（2）要求计算正确，字体清洁、工整；所标定的点位正确、清晰。

3. 考核标准

（1）以时间 T 为评分依据见表 4-3，评分标准分 4 个等级制定，具体分数由所在等级内评分，表中 M 代表分数。即每少 $1'$ 加 2 分，$5'$ 以内每少 $1'$ 加 5 分。

表 4-3   用水准仪测设高程点评分标程

考核项目	$M \geqslant 85$	$85 > M \geqslant 75$	$75 > M \geqslant 60$	$M < 60$
用水准仪测设高程点	$T \leqslant 5'$	$5' < T \leqslant 10'$	$10' < T \leqslant 18'$	$T > 18'$

（2）根据符合圆水准气泡居中情况和补偿指标线不脱离小三角形情况，扣 1~5 分。

（3）根据卷面整洁情况，扣 1~5 分（记录划去 1 处，扣 1 分，合计不超过 5 分）。

（4）根据实地标定点位的清晰度，扣 1~2 分。

4. 考核说明

（1）考核过程中任何人不得提示，个人应独立完成仪器操作、记录、计算及校核工作。

（2）考核人有权随时检查是否符合操作规程及技术要求，但应相应折减所影响的时间。

（3）若有作弊行为，一经发现一律按零分处理，不得参加补考。

（4）考核前考生应准备好钢笔或圆珠笔、计算器，考核者应提前找好扶尺人。

（5）考核时间自架立仪器开始，至递交记录表为终止。

（6）考核仪器水准仪为自动安平水准仪（精度与 DS₃ 型相当）。

（7）考核人应在考核结束前检查并填写水准仪的符合水准管气泡影像重合情况，在考核结束后填写考核所用时间并签名。

（8）测设高程点记录表见"用水准仪测设高程点记录表"。

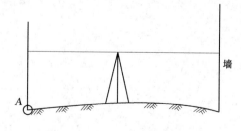

图 4-3   用水准仪测设高程点

用水准仪测设高程点记录表

班级：_____ 考号：_____ 姓名：_____

时间：_____ 得分：_____ 扣分：_____ 评分：_____

请考生填写：

　　由水准仪读得 $a=$ _____ m，经计算得 $b=$ _____ m。（请在下面空白处，列出 b 的计算过程）。

请考核人填写：

　　① 圆水准气泡居中和补偿指标线不脱离小三角形情况，扣分：_____。

　　② 卷面整洁情况，扣分：_____。

　　③ 实地标定点位的清晰度情况，扣分 _____。

　　考核人：_____ 考试日期：_____

5. 样题

　　如图 4-3 所示，考核时在现场任意标定一点为 A 点，设 A 点高程 $H_A=140.359$m，试用水准仪在墙上测设一点 B，使 $H_B=141.000$m。

　　答案：在 A 点及一面墙的大致中间位置，架设水准仪，后视 A 点上的水准尺，若读数为 a，则可计算出 $b=140.359+a-141.000$，在墙上上下移动水准尺，使读数恰好等于 b 值时，沿尺底划水平线，则该水平线上的点的高程即为测设的 B 点。

试题 4 正倒镜分中法测设水平角

1. 考核内容

(1) 根据设计给定的水平角值，用正倒镜分中法测设出该水平角。

(2) 用经纬仪或全站仪进行测设，并在实地标定所测设的点位。

(3) 对中误差不大于 ±3mm，水准管气泡偏差小于 1 格。

2. 考核要求

(1) 严格按观测程序作业；用盘左盘右各测设 1 个点位，当两点间距不大时（一般在离测站 100m 时，不大于 1cm），取两者的平均位置作为结果。

(2) 实地标定的点位清晰。所测设的水平角所设计的水平角之差不超过 ±50″（即标定点离测站 20m 时，横向误差不超过 ±5mm）。

3. 考核标准

(1) 以时间 T 为评分依据见表 4-4，评分标准分 4 个等级制定，具体分数由所在等级内评分，表中 M 代表分数。即每少 1′ 加 1 分，10′ 以内每少 1′ 加 2 分。

表 4-4　　　　　　　　　　正倒镜分中法测设水平角评分标准

考核项目	$M \geqslant 85$	$85 > M \geqslant 75$	$75 > M \geqslant 60$	$M < 60$
正倒镜分中法测设水平角	$T \leqslant 10'$	$10' < T \leqslant 20'$	$20' < T \leqslant 35'$	$T > 35'$

(2) 根据对中误差情况，扣 1~3 分；根据标定的点位的清晰情况扣 1~2 分。

(3) 根据水准管气泡偏差情况，扣 1~2 分。

4. 考核说明

(1) 考核过程中任何人不得提示，个人应独立完成仪器操作、记录、计算及校核工作。

(2) 考核人有权随时检查是否符合操作规程及技术要求，但应相应折减所影响的时间。

(3) 若有作弊行为，一经发现一律按零分处理，不得参加补考。

(4) 考核前考生应准备好钢笔或圆珠笔、计算器，考核者应提前找好扶尺人。

(5) 考核时间自架立仪器开始，至递交记录表为终止。

(6) 考核仪器经纬仪为 DJ$_6$ 型或全站仪。

(7) 考核人应在考核结束前检查并填写仪器对中误差及水准管气泡偏差情况，在考核结束后填写考核所用时间并签名。

(8) 测设水平角记录表见"正倒镜分中法测设水平角记录表"。

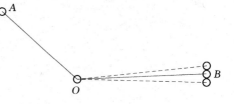

图 4-4　正倒镜分中法测设水平角

正倒镜分中法测设水平角记录表

班级：_____ 考号：_____ 姓名：_____

时间：_____ 得分：_____ 扣分：_____ 评分：_____

请考核人填写：

① 对中误差：_____ mm，扣分：_____。

② 水准管气泡偏差：_____ 格，扣分：_____。

③ 实地标定点位的清晰度情况，扣分：_____。

考核人：_____ 考试日期：_____

5. 样题

如图 4-4 所示，考核时在现场任意标定两点为 A 和 O，已知 $\angle AOB = 160°20'30''$，试用正倒镜分中法在 O 点测站，后视 A 点，测设出 B 点。

答案：O 点架经纬仪，盘左瞄准 A 点，调节测微轮及水平度盘位置变换手轮，配水平度盘至 $0°00'00''$；先后旋转仪器、测微轮及水平微动螺旋，使水平度盘读数为 $160°20'30''$，根据望远镜竖丝位置指挥一同学在地面上投下一点 B_1；换成盘右，瞄准 A 点，用同样的方法在地面上投下一点 B_2，若 $B_1B_2 < 1\text{cm}$（当 $OB < 100\text{m}$ 时），取 B_1、B_2 中间位置为 B。

试题 5　闭合导线外业测量

1. 考核内容

（1）用测回法完成一个闭合导线（四边形）的转折角观测。

（2）用钢尺或皮尺完成闭合导线的边长测量。

（3）完成必要记录和计算；并求出四边形内角和闭合差。

（4）对中误差不大于 ±3mm，水准管气泡偏差小于 1 格。

2. 考核要求

（1）严格按测回法的观测程序作业。

（2）记录、计算完整，清洁，字体工整，无错误。

（3）上、下半测回角值之差不大于 ±36″。

（4）内角和闭合差不大于 ±80″，边长两次丈量之差不大于 ±1cm。

3. 考核标准

（1）以时间 T 为评分依据见表 4-5，评分标准分 4 个等级制定，具体分数由所在等级内评分，表中 M 代表分数。

表 4-5　　　　　　　　　　　　闭合导线外业测量评分标准

考核项目	$M \geqslant 85$	$85 > M \geqslant 75$	$75 > M \geqslant 60$	$M < 60$
闭合导线外业测量	$T \leqslant 45'$	$45' < T \leqslant 65'$	$65' < T \leqslant 85'$	$T > 85'$

（2）根据对中误差情况，扣 1~3 分。

（3）根据水准管气泡偏差情况，扣 1~2 分。

（4）根据卷面整洁情况，扣 1~5 分（记录划去 1 处，扣 1 分，合计不超过 5 分）。

4. 考核说明

（1）考核过程中任何人不得提示，个人应独立完成仪器操作、记录、计算及校核工作。

（2）考核人有权随时检查是否符合操作规程及技术要求，但应相应折减所影响的时间。

（3）若有作弊行为，一经发现一律按零分处理，不得参加补考。

（4）考核前考生应准备好钢笔或圆珠笔、计算器，考核者应提前找好扶尺人。

（5）考核时间自架立仪器开始，至递交记录表并拆卸仪器放进仪器箱为终止。

（6）考核仪器经纬仪为 DJ_2 型或全站仪。

（7）数据记录、计算及校核均填写在相应记录表中，记录表不可用橡皮擦修改，记录表以外的数据不作为考核结果。

（8）考核人应在考核结束前检查并填写经纬仪对中误差及水准管气泡偏差情况，在考核结束后填写考核所用时间并签名。

（9）考核记录表见"导线测量外业记录表"。

导线测量外业记录表

班级：_____ 考号：_____ 姓名：_____

时间：_____ 得分：_____ 扣分：_____ 评分：_____

测点	盘位	目标	水平度盘读数/ (° ′ ″)	水平角 半测回值/ (° ′ ″)	水平角 一测回值/ (° ′ ″)	示意图 及边长记录
						边长名： 第一次： 第二次： 平均：
						边长名： 第一次： 第二次： 平均：
						边长名： 第一次： 第二次： 平均：
						边长名： 第一次： 第二次： 平均：
						边长名： 第一次： 第二次： 平均：
校核			三角形闭合差 $f=$			

请考核人填写：

① 对中误差：_____ mm，扣分：_____。

② 水准管气泡偏差：_____格，扣分：_____。

③ 卷面整洁情况，扣分：_____。

考核人：_____考试日期：_____

110

试题 6 四 等 水 准 测 量

1. 考核内容

（1）用四等水准测量方法测出未知点高程的工作。

（2）完成该工作的记录和计算校核，并求出未知点的高程。

（3）读数时符合水准管气泡影像错动小于 1mm，若使用自动安平水准仪时，要求补偿指标线不脱离小三角形。

2. 考核要求

（1）设测量两点间的路线长约 150m，中间设 1 个转点，共设站 2 次。

（2）记录、计算完整，清洁，字体工整，无错误。

（3）观测顺序按"后前前后"（黑黑红红）进行。

（4）每站前后视距差不超过 5m，前后视距累计差不超过 10m。

（5）红黑面读数差不大于 3mm；红黑面高差之差不大于 5mm。

3. 考核标准

（1）以时间 T 为评分依据见表 4-6，评分标准分 4 个等级制定，具体分数由所在等级内评分，表中 M 代表分数。

表 4-6   四等水准测量评分标准

考核项目	$M \geqslant 85$	$85 > M \geqslant 75$	$75 > M \geqslant 60$	$M < 60$
四等水准测量	$T \leqslant 25'$	$25' < T \leqslant 35'$	$35' < T \leqslant 50'$	$T > 50'$

（2）根据符合水准气泡重合情况，扣 1～5 分。

（3）根据卷面整洁情况，扣 1～5 分（记录划去 1 处，扣 1 分，合计不超过 5 分）。

4. 考核说明

（1）考核过程中任何人不得提示，个人应独立完成仪器操作、记录、计算及校核工作。

（2）考核人有权随时检查是否符合操作规程及技术要求，但应相应折减所影响的时间。

（3）若有作弊行为，一经发现一律按零分处理，不得参加补考。

（4）考核前考生应准备好钢笔或圆珠笔、计算器，考核者应提前找好扶尺人。

（5）考核时间自架立仪器开始，至递交记录表并拆卸仪器放进仪器箱为终止。

（6）考核仪器水准仪为 DS$_3$ 型。

（7）数据记录、计算及校核均填写在相应记录表中，记录表不可用橡皮擦修改，记录表以外的数据不作为考核结果。

（8）考核人应在考核结束前检查并填写水准仪的符合水准管气泡影像重合情况，在考核结束后填写考核所用时间并签名。

（9）水准测量考核记录表见"四等水准记录表"。

四等水准记录表

班级：＿＿＿＿ 考号：＿＿＿＿ 姓名：＿＿＿＿

时间：＿＿＿＿ 得分：＿＿＿＿ 扣分：＿＿＿＿ 评分：＿＿＿＿

编号	后尺 上丝 / 下丝	前尺 上丝 / 下丝	方向及尺号	标尺读数 黑面 /m	标尺读数 红面 /m	$K+$黑$-$红 /mm	高差中数 /m	备注
	后距	前距						
	视距差/m	累加差/m						
								已知 BM_1 的高程为 10m

请考核人填写：

① 圆水准气泡居中和补偿指标线不脱离小三角形情况，扣分：＿＿＿＿。

② 卷面整洁情况，扣分：＿＿＿＿。

考核人：＿＿＿＿ 考试日期：＿＿＿＿

112

参 考 文 献

[1] 顾孝烈.测量学.上海：同济大学出版社，2012.
[2] 杨中立.工程测量.北京：中国水利水电出版社，2010.
[3] 杨晓云.建筑工程测量实训教程.重庆：重庆大学出版社，2014.
[4] 王金玲.测量学基础.北京：中国电力出版社，2012.
[5] 魏国武.地形测量实训指导书.北京：测绘出版社，2012.
[6] 周国书.测量学实验实习任务与指导.北京：测绘出版社，2011.
[7] 靳祥升.水利工程测量实验指导与习题.郑州：黄河水利出版社，2010.
[8] 张正禄，等.工程测量习题、课程设计和实习指导书.武汉：武汉大学出版社，2012.